わかりやすい論理回路

博士（工学） 三堀 邦彦 共著
工学博士 斎藤 利通

コロナ社

まえがき

　本書は，論理回路の基礎知識を身につけ，その知識に関連した数理的考察ができるようになるための入門書である。「論理回路」は「ディジタル回路」を設計する際の数理モデルと考えてもよい。現在，われわれの身の回りはディジタル回路を内蔵する製品であふれている。周知のように，ディジタル回路はPCの主要構成要素である。携帯電話やスマートフォンなどはPCなみの情報処理能力を有している。炊飯や洗濯や掃除を助ける家電製品もディジタル回路なしでは構成できない。ディジタル回路はわれわれの生活を快適にするために，なくてはならないものとなっている。このようなディジタル化社会は，21世紀に入ってから著しく発展した。1990年代に小型PCが家庭に普及し始めたが，当時は「一家に一台」「一人に一台」ではなかった。携帯電話は1990年代後半に本格的に普及し始めたが，純粋に電話器の機能を持つばかりであった。携帯電話からインターネットへ気軽に接続できるようになったのは，21世紀に入ってからである。

　現在，ディジタル回路や論理回路に関する優れた教科書が数多く出版されている。その多くは電気電子系や情報通信系の学生を読者として想定し，高校から大学初級の数学と物理の基礎知識を前提としているようだ。一方でディジタル回路の関連分野は広範であり，いまなお拡大し続けている。さまざまな分野のさまざまな学生がディジタル回路や論理回路に興味を持つ機会が，今後ますます増えていくだろう。そうした学生の中には，既存の論理回路の教科書を理解するために必要な基礎事項の理解が，十分でない学生も少なからずいると思われる。基礎事項を確認しながら論理回路を学べる，わかりやすい教科書がぜひとも必要である。

　本書はこのような状況を踏まえて執筆された。その目標は「さまざまな分野の様々な学生がよく理解できること」，「その理解がイメージを伴うこと」である。そのために，学問としての論理回路を構成する内容のうち基本的かつ重要な部分，いわば体系の幹となる部分に的を絞り，わかりやすさを最優先にしてそれらを説明した。そのために厳選された例題・平易な説明・豊富な図表を用いた。内容を理解するために必要な知識の中で，読者の理解が不十分であることが想定される事項は，その復習もかねて文中で解説した。本書では一つ一つの例題を丁寧に説明した。また例題の説明が長くなる場合には，問題を提示した直後に結論を

述べ，その後に結論までの過程を示すスタイルをとった。これは説明の見通しを明るくし，読者の例題を理解しようとする動機付けを保たせるための方策である。このような方針の下で執筆したため，本書の説明には筋の通った正確さや美しさに欠ける部分，あるいは基礎事項を十分に理解している読者に冗長な印象を与える部分があるかもしれない。

本書の第一著者は複数の大学で論理回路に関する講義を担当してきており，その講義の内容が本書の土台となっている。本書の大部分は第一著者が執筆したものであるが，さまざまな読者の理解を第一に考えた点や基礎事項を重視した点に，第二著者の思想が反映されている。第一著者が講義の中で気付いた点，反省した点，学生の授業評価アンケートでの意見等も反映されている。本書は全13章から構成される。1章から4章まででまではすべての論理回路の基礎を説明する。1章ではディジタルの概念，2章では論理ゲート，3章ではブール代数，4章では正論理と負論理を説明する。5章から7章では論理回路の設計において重要な概念を提供する。5章では論理関数の標準形，6章ではカルノー図による論理関数の簡単化，7章ではクワイン・マクラスキー法による論理関数の簡単化を説明する。8章と9章では組合せ回路の代表的な応用例について述べる。8章ではエンコーダ・デコーダ・マルチプレクサ・デマルチプレクサ，9章では加算器を説明する。10章から13章では同期式順序回路について解説する。10章ではフリップフロップ，11章ではシフトレジスタとカウンタ，12章では同期式順序回路の解析，13章では同期式順序回路の設計を説明する。なお，各章の構成と内容を1.4節で詳しく説明しているので参照されたい。

各章では論理回路の体系の幹となる部分を扱い，徹底的に詳しく丁寧に説明した。逆に現在では触れる機会が減った内容や特に進んだ内容は，体系の枝葉として思い切って省いた。例えば順序回路は同期式と非同期式の2種類に分かれるが，本書は実用上触れる機会の多い同期式に的を絞って説明している。本書で論理回路の幹となる部分を習得された方が，他書に進んでより深い知識と能力を身に付け，冒頭に述べたような技術の発展に新しい1ページを付け加えてくれることを心から期待する。

最後に，本書を執筆する機会を与えていただいたコロナ社のみなさまに深く感謝します。

2012年1月

三堀　邦彦

斎藤　利通

目　　　次

1. ディジタルとは何か

1.1　ディジタル信号とモールス信号 …………………………………… 1
1.2　ディジタル信号のメリット …………………………………………… 3
1.3　2進数と基数の変換 …………………………………………………… 6
1.4　本書の構成 ………………………………………………………………… 8
演　習　問　題 ………………………………………………………………………… 9

2. 論理ゲート

2.1　基本的な論理ゲート ……………………………………………………… 10
2.2　集合と論理式 ……………………………………………………………… 12
演　習　問　題 ………………………………………………………………………… 15

3. ブール代数

3.1　ブール代数の必要性 ……………………………………………………… 16
3.2　ブール代数の公理と定理 ………………………………………………… 17
演　習　問　題 ………………………………………………………………………… 20

4. 正論理と負論理

4.1　真理値表の解釈 …………………………………………………………… 21
4.2　NAND や NOR による完全系 ………………………………………… 22
演　習　問　題 ………………………………………………………………………… 26

5. 論理関数の標準形

5.1 論理回路の設計手順 …………………………………………… 27
5.2 加法標準形 …………………………………………………… 27
5.3 乗法標準形 …………………………………………………… 30
演 習 問 題 ……………………………………………………… 33

6. カルノー図を用いた論理関数の簡単化

6.1 論理関数の簡単化とカルノー図 ………………………………… 34
6.2 簡単化の原理と手順 …………………………………………… 36
演 習 問 題 ……………………………………………………… 40

7. クワイン・マクラスキー法による論理関数の簡単化

7.1 クワイン・マクラスキー法について …………………………… 41
7.2 利用する主項の選択方法の改善 ………………………………… 45
演 習 問 題 ……………………………………………………… 48

8. 組合せ回路の応用

8.1 エンコーダとデコーダ ………………………………………… 49
8.2 マルチプレクサとデマルチプレクサ …………………………… 51
演 習 問 題 ……………………………………………………… 53

9. 加 算 器

9.1 加算器の構成 …………………………………………………… 54
9.2 加算器を利用した減算 ………………………………………… 57
演 習 問 題 ……………………………………………………… 60

10. フリップフロップ

- 10.1 記憶のモデル ……………………………………………………… 61
- 10.2 SR フリップフロップ ……………………………………………… 63
- 10.3 その他のフリップフロップ ………………………………………… 65
  - 10.3.1 D フリップフロップ …………………………………………… 65
  - 10.3.2 JK フリップフロップ ………………………………………… 66
- 演 習 問 題 …………………………………………………………… 67

11. フリップフロップの応用例

- 11.1 シフトレジスタ ……………………………………………………… 69
- 11.2 カ ウ ン タ ………………………………………………………… 71
- 演 習 問 題 …………………………………………………………… 74

12. 同期式順序回路の解析

- 12.1 順序回路の基本構成 ………………………………………………… 77
- 12.2 順序回路と状態遷移図 ……………………………………………… 78
- 12.3 順序回路の解析の流れ ……………………………………………… 79
- 演 習 問 題 …………………………………………………………… 82

13. 同期式順序回路の設計

- 13.1 順序回路の設計手順 ………………………………………………… 83
- 13.2 順序回路の設計例 …………………………………………………… 84
- 演 習 問 題 …………………………………………………………… 88

- 引用・参考文献 ………………………………………………………… 90
- 演習問題解答 …………………………………………………………… 91
- 索　　　　引 …………………………………………………………… 116

1. ディジタルとは何か

われわれの身の回りは，ディジタル回路を内蔵する電気製品であふれている。その根幹をなすディジタル信号の重要性とそのメリットについて説明する。また，ディジタル回路で用いられる2進数と10進数・8進数・16進数の間の相互変換についても触れる。

1.1 ディジタル信号とモールス信号

本書は論理回路のテキストである。「論理回路」は，「ディジタル回路」を設計する際の数理モデルと考えてもよい。現在われわれの身の回りはディジタル回路を内蔵する電気製品であふれ，そうでないものを見つけることのほうが難しい。とりわけ無線通信機器では携帯電話やスマートフォンなど，小型PCなみの処理能力を持つ携帯端末をだれもが所有している。

そうした機器で利用されるディジタル通信とは，送りたい信号をディジタル信号に変換して行う通信のことである。それでは，ディジタル信号とはどのような信号であろうか。典型的なディジタル信号を**図 1.1**に示す。この信号では，とびとびの時間ごとに電圧が変化している。この電圧は8Vまたは3Vのどちらかの値をとり，それらの間の値をとることはない。この電圧のように2種類の値のみをとる量を**2値ディジタル量**（binary digital quantity）といい，とびとびの時間ごとに変化する2値ディジタル量で構成される信号を**2値ディジタル信号**（binary digital signal）という。本章では後ほど信号をきちんと分類するが，実用上ほとんどの場合で2値ディジタル量・2値ディジタル信号を指して単にディジタル量・ディジタル信号と呼ぶ。

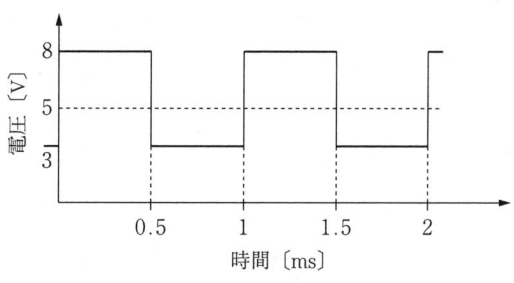

図 1.1 典型的なディジタル信号

ディジタル信号は，モールス信号と呼ばれる通信用信号と密接に関連している。モールス信号を生成する規則は**モールス符号**（Morse code）と呼ばれ，短点（・）と長点（－）を組み合わせてアルファベット・数字・記号を表現する。したがって，モールス信号はディジタル信号の一種と位置付けられる。例として，アルファベット26文字に対応するモールス符号を**表1.1**に示す。

表1.1 アルファベット26文字に対応するモールス符号

文字	符号	文字	符号	文字	符号
A	・－	J	・－－－	S	・・・
B	－・・・	K	－・－	T	－
C	－・－・	L	・－・・	U	・・－
D	－・・	M	－－	V	・・・－
E	・	N	－・	W	・－－
F	・・－・	O	－－－	X	－・・－
G	－－・	P	・－－・	Y	－・－－
H	・・・・	Q	－－・－	Z	－－・・
I	・・	R	・－・		

・は短点，－は長点を表す。

モールス信号を用いた無線通信の普及の歴史を知ることは，ディジタル信号の特徴を知るよい手がかりになる。モールス符号は1840年にアメリカの発明家 S. F. B. モールスにより提案された。1868年に**国際電信連合**（Union Télégraphique Internationale, UTI, 国際連合の専門機関である**国際電気通信連合**（International Telecommunication Union, ITU）の前身機関）により国際規格として認められ，1912年に発生したタイタニック号の海難事故をきっかけに世界中に普及した。タイタニック号は当時世界最大級の英国籍旅客船であり，北大西洋のニューファウンドランド沖を航行中に流氷と衝突し沈没，約1500名の犠牲者を出した（引用・参考文献1）を参照）。この事故がこれほど多くの犠牲者を出した主要な原因の一つとして無線通信設備とその運用体制の不十分さがあり，1914年に採択された**海上における人命の安全のための国際条約**（The International Convention for the Safety of Life at Sea, **SOLAS 条約**）において船舶へのモールス信号を用いた無線通信設備の設置とその運用体制の整備が義務づけられた。この条約は1929年の改正以後，国際的な効力を発揮した。

モールス信号が当時これほど重要視された最大の理由は，ノイズ（雑音）への耐性である。一般に通信では，伝送路（信号の通り道）が長くなればなるほど信号の強度が低下し，信号に対するノイズの割合が増加して受信側での信号の明瞭さが低下する。無線通信では電波を伝送路として用いるため，有線通信に比べて信号の明瞭さの低下が著しい。現在のディジタル無線通信ではこの問題を解決するための技術が多数取り入れられ，ディジタル回路はその中で重要な位置を占めている。一方で，当時の無線通信ははるかに簡素な機器を利用しており，ディジタル回路はまだその概念すら存在しなかった。当時のモールス信号を用

いた無線通信では，電鍵とよばれる機械式スイッチを人が操作して短音と長音を生成して送信し，受信側で人がその音を聞き取っていた。この通信方法は音の長さが聞き取れるかどうかがポイントであるため，そうした通信環境でも十分実用に耐える。

なお，現在の船舶通信では船舶局・人工衛星・海岸局からなるネットワークによるディジタル無線通信（**世界海洋遭難安全システム**：Global Maritime Distress and Safety System, **GMDSS**）が国際的に主流となり，モールス信号そのものによる無線通信はほとんど利用されない。しかしながら日本の南極観測隊では現在でも，モールス信号による無線通信を運用できる国家資格を有することが通信スタッフの採用条件の一つとなっている（引用・参考文献2）を参照）。南極大陸ではその厳しい自然環境から，人工衛星を含む最先端の通信手段をつねに利用できるとは限らず，幾重にも代替となる通信手段を用意しておく必要がある。そんな中，モールス信号は上記で述べた強力なノイズ耐性と運用に必要な通信機器の簡素さから，現在も「通信手段の切り札」としての役割を果たしている。

現在のディジタル無線通信はその発展版であり，当時とは比較にならないほど高速で大量の情報を伝送できるようになっている。当時のモールス信号による無線通信では信号の発生と解読を人間が行い，現在のディジタル無線通信では通信機器がそれを行うという違いはあるが，ディジタル信号の利用という最も基本的な部分は今も同じである。本書はこの古くて新しい，そして現在も発展を続けるディジタルの世界の入り口に読者諸君をいざなう。

1.2 ディジタル信号のメリット

ここではディジタル信号が重要な理由を少し掘り下げて考察する。まず，ディジタルという言葉は信号の分類と深く関連する（**図1.2**参照）。図（a）の信号を考えよう。こうした信号では測定機器が許す限り，電圧の値をどこまでも細かくとることができる。例えば，時刻0.5 msを中心とする0.1 msの区間で電圧の値を詳しく測定しても，その値がとびとびになることはない。このことを「値の最小単位がない」または「値が**連続的**（continuous）である」といい，この信号の電圧のように連続的な値をとる量を**アナログ量**（analog quantity）という。

一方，図（b）の信号はそれと対照的である。この信号は図（a）における1周期の10分の1ごとの時刻の電圧の値を，最も近い整数と置き換えることで得られている。とびとびの時間ごとにこの整数値が変化する。この信号では電圧がとびとびの値をとり，それらの間の値をとることはない。このことを「値の最小単位がある」もしくは「値が**離散的**（discrete）である」といい，この信号の電圧のように離散的な値をとる量を**ディジタル量**（digital quantity）という。

4　　1. ディジタルとは何か

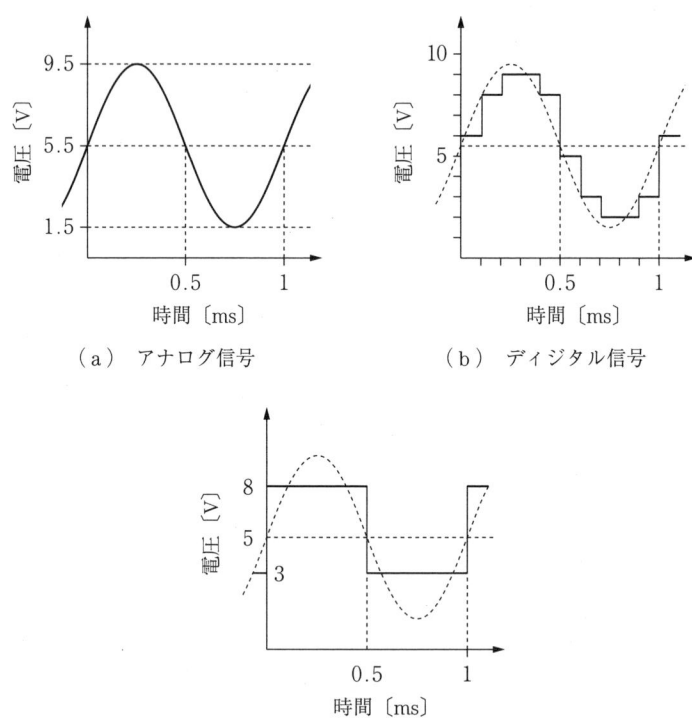

図 1.2　信号の種類

　ディジタル量における最小単位はさまざまなとり方がある。その極端な例は，図 (c) のように2値のみをとり得る場合である。この信号は，ある時刻に図 (a) の信号の電圧が5Vより大きければ出力を8V，そうでなければ3Vとすることで得られている。この信号は図1.1に示した信号と同じものである。

　図 (c) の電圧のように2種類の値のみをとり得る量を2値ディジタル量という一方，図 (b) の電圧のようにより多い種類の離散値をとり得る量を**多値ディジタル量**（multi-valued digital quantity）という。多値ディジタル量は2値ディジタル量を持つ要素の組合せにより表現できるので，単にディジタル量といえば2値ディジタル量を指す。また図 (c) の電圧のように，2値をとり得る変数を**2値変数**（binary variable）という。また入力が2値変数，出力が2値変数である関数を**2値論理関数**（binary logical function），または単に**論理関数**（logical function）という。論理関数を実現する回路を**論理回路**（logical circuit），または**ディジタル回路**（digital circuit）という。前者はその数学モデルを指し，後者は実際の回路を指す。またこれに対し，アナログ量を基本として構築された回路を**アナログ回路**（analog circuit）という。

　これらの概念を用いれば，ディジタル信号のメリットを説明できる。ディジタルの回路やシステムは，アナログの回路やシステムに対して多くのメリットを持つ。中でも以下に示す

伝送と計測のメリットが重要であり，前者はすでに述べたモールス信号が持つメリットと同じである：

　伝送におけるメリットは「ノイズの混入に対して強い」ことである。例として**図1.3**(a)のように，ある伝送路を用いて信号を伝送することを考える。この伝送路で，ある時刻に5Vの電圧を信号として送信したとしよう。理想的な伝送では，送信した5Vとまったく同じ電圧が受信されるはずである。しかしながら現実にはそうならず，ノイズの混入によりこの値が変動する。図(b)は受信された値が4.5Vとなった場合を示す。こうした値の変動の大きさは伝送路の種類や性質に大きく依存するが，現実の伝送において変動そのものを避けることはできない。アナログ伝送ではこの値そのものを情報とするので，5Vが4.5Vになったことで信号に含まれる情報が大きく損なわれる。一方，ディジタル伝送ではこの値に特定のルールを適用して"0"または"1"を割り当て，それを情報とみなす。この例では2.5V以上の電圧に"1"を，それ未満の電圧に"0"を割り当てる。こうすれば先ほどの伝送路でも，送信された信号は5Vで"1"，受信された信号は4.5Vで"1"となり，情報は損なわれない。

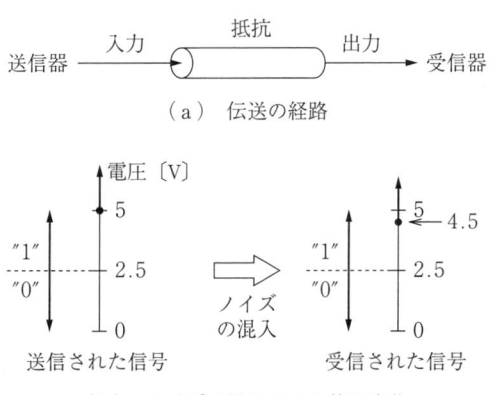

図1.3　信号の伝送

　計測におけるメリットは「誰が測っても結果が同じになる」ことである。例として体温計を考えよう。**図1.4**(a)はアナログ式の体温計の表示部である。この場合は各人で読み方が変わり，「36.6℃」「36.7℃」「36.65℃」のどれもがあり得る。図(b)はディジタル式の体温計の表示部である。この場合は，だれが読んでも「36.6℃」になる。このように，ディジタル計測ではだれが測っても結果が同じになるが，一方で最小単位より小さい量は測

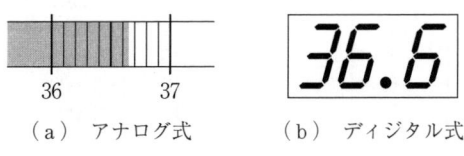

図1.4　体温計の表示

定できないデメリットがある．実用上は，この最小単位を十分小さくとることで測定精度を上げている．

1.3　2進数と基数の変換

われわれ人間がよく用いるのは10進数であるが，コンピュータをはじめとするディジタルシステムでは2進数が用いられる．したがって人間がコンピュータに数値を理解させるためには，10進数を2進数に変換しなければならない．またコンピュータの処理した結果を人間が理解したいときには，2進数を10進数に変換する必要がある．ところが2進数では数が大きくなるとすぐに桁数が増え，10進数のように一見してその値を理解することができなくなる．この欠点を補うため，2進数との相互変換が容易で桁数が急激に増加しない8進数や16進数がしばしば用いられる．一般にn桁の10進数・2進数・8進数・16進数は以下のように表すことができる：

10進数 $(a_{n-1} a_{n-2} \cdots a_1 a_0)_{10}$　　　ただし　$a_i = 0, 1, 2, \cdots, 8, 9$

2進数 $(a_{n-1} a_{n-2} \cdots a_1 a_0)_2$　　　ただし　$a_i = 0, 1$

8進数 $(a_{n-1} a_{n-2} \cdots a_1 a_0)_8$　　　ただし　$a_i = 0, 1, 2, \cdots, 6, 7$

16進数 $(a_{n-1} a_{n-2} \cdots a_1 a_0)_{16}$　　　ただし　$a_i = 0, 1, 2, \cdots, 8, 9, A, B, \cdots, E, F$

ここで$i = 0, 1, \cdots, n-2, n-1$であり，括弧の右脇の数字はその数が何進数かを表している．「何進数か」は「1桁で利用できる数字や文字は何個か」に対応している．この個数を**基数**（radix）という．16進数では0から9までの数字のほかにアルファベットA, B, C, D, E, Fを用い，それらはおのおの10進数の10, 11, 12, 13, 14, 15に対応する．10進数・2進数・8進数・16進数の対応関係を**表1.2**に示す．

与えられた2進数に対応する10進数は，2進数の定義から次式で計算できる：

$$(a_{n-1} a_{n-2} \cdots a_1 a_0)_2 = a_{n-1} \cdot 2^{n-1} + a_{n-2} \cdot 2^{n-2} + \cdots + a_1 \cdot 2^1 + a_0 \cdot 2^0 = \sum_{0}^{n-1} a_i \cdot 2^i$$

表1.2　10進数・2進数・8進数・16進数の対応関係

10進数	2進数	8進数	16進数	10進数	2進数	8進数	16進数
0	0	0	0	10	1010	12	A
1	1	1	1	11	1011	13	B
2	10	2	2	12	1100	14	C
3	11	3	3	13	1101	15	D
4	100	4	4	14	1110	16	E
5	101	5	5	15	1111	17	F
6	110	6	6	16	10000	20	10
7	111	7	7	17	10001	21	11
8	1000	10	8	18	10010	22	12
9	1001	11	9	19	10011	23	13

例えば，4桁の2進数 $(1011)_2$ は次式で10進数に変換される：

$$(1011)_2 = 1\cdot 2^3 + 0\cdot 2^2 + 1\cdot 2^1 + 1\cdot 2^0 = 8+0+2+1 = (11)_{10}$$

また，与えられた10進数に対応する2進数は，以下に示す**連除法**と呼ばれる手順で計算できる：

① 順次2で割る。

② 商を下に，余りをその右隣に書く。

③ 商が1になるまで①と②を繰り返す。

④ 最後の商の1に続けて，余りを最後に手に入れたほうから読む。

例として，10進数 $(11)_{10}$ の2進数への変換を**図1.5**に示す。

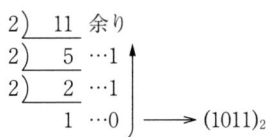

図1.5 10進数 $(11)_{10}$ の2進数への変換

表1.2に示されるとおり，2進数の3桁が8進数の1桁に対応する。したがって与えられた2進数に対応する8進数は，以下の手順で計算できる：

① 2進数の一番下の桁から3桁ずつ区切る。

② その区切りを8進数の1桁とする。

例として，7桁の2進数 $(1011100)_2$ の8進数への変換を**図1.6**に示す。

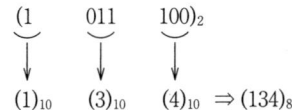

図1.6 2進数 $(1011100)_2$ の8進数への変換

同様に，2進数の4桁が16進数の1桁に対応する。したがって，与えられた2進数に対応する16進数は以下の手順で計算できる：

① 2進数の一番下の桁から4桁ずつ区切る。

② その区切りを16進数の1桁とする。

例として，9桁の2進数 $(110111100)_2$ の16進数への変換を**図1.7**に示す。

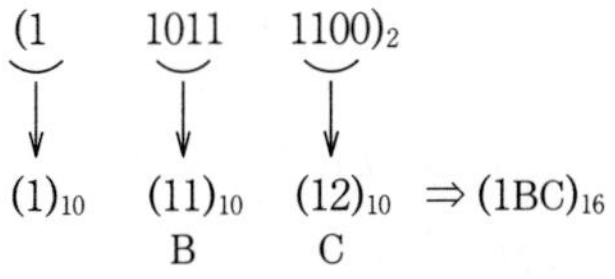

$$\underbrace{(1}_{\downarrow}\ \underbrace{1011}_{\downarrow}\ \underbrace{1100)_2}_{\downarrow}$$

$(1)_{10}$ $(11)_{10}$ $(12)_{10}$ ⇒ $(1BC)_{16}$
         B   C

図1.7 2進数 $(110111100)_2$ の16進数への変換

1.4 本書の構成

　次章以降の本書の構成について説明する。2章から9章では組合せ回路について説明する。組合せ回路は，現在の入力の組合せのみで出力が決まる論理回路である。組合せ回路はディジタルシステムの中で，判断・選択・演算の機能を果たす。

　2章では論理ゲートについて説明する。論理ゲートは，論理回路の最も基本的な構成要素となる回路素子である。また集合の考え方を用い，論理ゲートの働きを体系的に理解する視点を提供する。3章ではブール代数について説明する。ブール代数は，0と1からなる2値論理を扱う数学であり，論理回路設計の基礎を与える。その考え方を用いれば，複数の論理ゲートからなる論理回路の入出力関係を簡潔に表現できる。4章では正論理と負論理について述べる。一般に真理値表は2通りに解釈でき，それらは正論理・負論理と呼ばれる。両者を利用すると，NANDゲートやNORゲート1種類のみにより任意の論理関数を構成できる。

　5章・6章・7章は，論理回路の設計において重要な概念を提供する。論理回路の設計では通常，与えられた真理値表の入出力関係をもれなく表す論理式（論理関数の標準形）を導出し，それを簡単化した後に回路で実現する。この手順に従えば，確実で無駄のない設計が可能となる。5章では，代表的な標準形である加法標準形と乗法標準形を説明する。6章と7章では，論理関数の標準形を簡単化する手順について説明する。6章では，カルノー図と呼ばれる真理値表の図的表現を用いた方法を説明する。また，7章ではクワイン・マクラスキー法について説明する。この方法は表を用いて論理関数を表現する方法であり，6章の方法より変数の数が多い場合にも適用できて計算機処理に適している。

　8章・9章では，組合せ回路の代表的な応用例について述べる。8章ではエンコーダとデコーダ，マルチプレクサとデマルチプレクサを説明する。エンコーダとデコーダは2進数と他の基数との間の変換を，マルチプレクサとデマルチプレクサは入出力の切替えを行う回路である。9章では加算器について説明する。加算器は複数桁の2進数の加算を実現する回路であり，電子計算機の内部でその中核をなす部分である。この回路の利用により，2進数の減算も実現できる。

　10章から13章では順序回路について説明する。順序回路は，入力のみでなく現在の状態にも影響を受けてつぎの状態と出力が定まる論理回路である。順序回路はディジタルシステムの中で，記憶の機能を果たす。

　10章では，順序回路の構成要素となるフリップフロップとその種類について説明する。11章ではフリップフロップの応用例について述べる。応用例はレジスタとカウンタであり，レジスタは2桁以上の2進数を記憶する回路，カウンタは入力されたパルスの数を2進数で

数える回路である。応用上，基本的かつ重要な順序回路である。

12章・13章では，同期式順序回路の一般的な取扱いについて述べる。同期式順序回路は，外部から与えられたクロックパルスに同期して動作する順序回路である。12章では，同期式順序回路を解析する上で重要な状態遷移図と，それを作成する手順について説明する。また，13章では同期式順序回路の設計について説明する。この設計は，12章の解析のほぼ逆の手順で行われる。

以上のとおり，本書は全13章から構成される。各章を1回の講義に対応させれば，半期15コマの講義科目の中で一通りの内容を学ぶことができよう。また講義と演習を1回ずつ交互に行えば，通年30コマの科目の中で問題を解く体験を伴いながら一通りの内容を学ぶことができよう。特定の章に十分な時間を当てたい場合には，それ以外の部分から省略する章や節を選んでもよい。本節で説明した各章の内容や性格付けを基に，十分な時間を当てるべき部分と省略すべき部分を決めるとよい。

本書は基礎的な内容ばかりを扱っているが，7章は組合せ回路の中で，12章と13章は順序回路の中で比較的進んだ内容を扱っている。組合せ回路と順序回路の両者でそれらの基本部分に十分な時間を当てたい場合には，7章・12章・13章を省くとよい。

演習問題

【1】 アルファベット26文字に対応するモールス符号では，各アルファベットの通信における出現頻度と，短点・長点への対応付けとの間に一定のルールがある。このルールは通信の効率化を図る目的で導入されている。このルールについて調べよ。

【2】 以下の2進数を10進数に変換せよ。
（1） $(110)_2$ （2） $(1011)_2$ （3） $(11001)_2$

【3】 以下の10進数を2進数に変換せよ。
（1） $(10)_{10}$ （2） $(13)_{10}$ （3） $(21)_{10}$

【4】 以下の2進数を8進数に変換せよ。
（1） $(1100)_2$ （2） $(101100)_2$ （3） $(011100010)_2$

【5】 以下の2進数を16進数に変換せよ。
（1） $(101100)_2$ （2） $(11001001)_2$ （3） $(10010111010)_2$

2. 論理ゲート

論理回路の最も基本的な構成要素は，「論理ゲート」と呼ばれる回路素子である。本章では，7種類の論理ゲートとその働きを説明する。また集合の考え方を用い，それらを体系的に理解する視点を紹介する。

2.1 基本的な論理ゲート

論理ゲート（logical gate）は論理演算を行う電子回路であり，単にゲートともいう。論理ゲートの動作は，論理式または真理値表により記述される。**論理式**（logical expression）は論理変数で構成される式であり，**真理値表**（truth table）は入力のすべての組合せに対する出力の値を記した表である。本章では，7種類の基本的な論理ゲートを紹介する。

最初に1入力1出力の場合を考え，入力をA，出力をYとする。**図 2.1** にNOTゲートの真理値表と回路記号を示す。NOTゲートは，入力Aの値を反転して出力する。その入出力関係は論理式$Y=\overline{A}$で表される。この論理式は**否定**（logical negation）と呼ばれる。

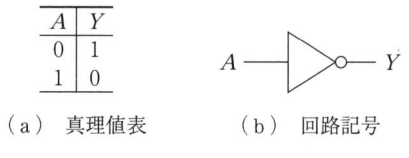

（a） 真理値表　　（b） 回路記号

図 2.1　NOTゲート

つぎに2入力1出力の場合を考え，入力をA, Bとし出力をYとする。**図 2.2** にANDゲートの真理値表と回路記号を示す。ANDゲートでは，すべての入力が1ならば出力が1，そうでなければ出力が0となる。その入出力関係は論理式$Y=A \cdot B$，または$Y=AB$で表される。この論理式は**論理積**（logical conjunction）と呼ばれる。**図 2.3** にORゲートの真理値表と回路記号を示す。ORゲートでは，いずれかの入力が1ならば出力が1，そうでなければ出力が0となる。その入出力関係は論理式$Y=A+B$で表される。この論理式は**論理和**（logical disjunction）と呼ばれる。

NOT, AND, ORの3種類のゲートをまとめて**基本ゲート**（primitive gate）と呼ぶ。これら

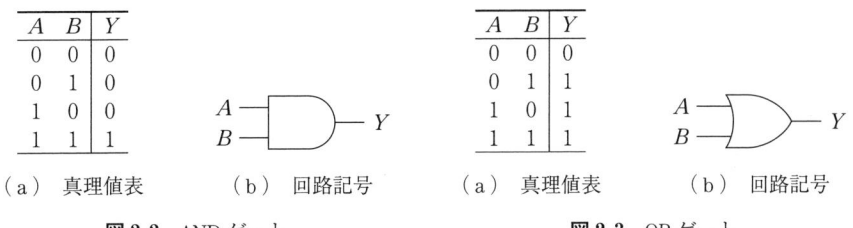

(a) 真理値表　　（b) 回路記号　　　　　(a) 真理値表　　（b) 回路記号

図 2.2　AND ゲート　　　　　　　　図 2.3　OR ゲート

3種類のゲートのみを用いることで，任意の論理関数を構成できる。これら3種のゲートについて，以下の2点に注意する：

（1）　NOT ゲートの回路記号は，記号▷と記号○に分割できる。このうち，NOT ゲートの役割である否定を表すのは○である。▷はバッファと呼ばれ，入力と同じ値を出力する回路を表す。○は入出力端子の表現としても用いられるので，混同を避けるため▷を追加してこのゲートを表現する。▷を省略しても混同しない場合には，これを省略することができる。例として，図 2.4 に論理式 $Y=A\overline{B}$ に対応する論理回路を示す。Yは，A および $\overline{B}$ を入力とする2入力の AND である。この回路の回路図は図(a)と図(b)のどちらを用いてもよい。

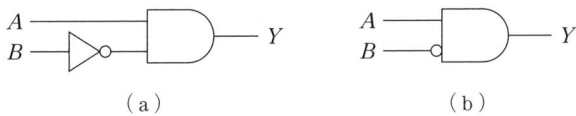

(a)　　　　　　　　　　(b)

図 2.4　論理式 $Y=A\overline{B}$ に対応する論理回路

（2）　AND ゲートと OR ゲートは3入力以上の場合に拡張できる。ここでは3入力の場合を説明し，入力を A, B, C とする。図 2.5 に3入力の AND ゲートの真理値表と回路記号を示す。AND ゲートでは「すべての入力が1ならば出力1」であるから $A=B=C=1$ で出力が1，それ以外で出力が0となる。このゲートの入出力関係は論理式 $Y=ABC$ で表される。図 2.6 に3入力の OR ゲートの真理値表と回路記号を示す。

A	B	C	Y
0	0	0	0
0	0	1	0
0	1	0	0
0	1	1	0
1	0	0	0
1	0	1	0
1	1	0	0
1	1	1	1

A	B	C	Y
0	0	0	0
0	0	1	1
0	1	0	1
0	1	1	1
1	0	0	1
1	0	1	1
1	1	0	1
1	1	1	1

(a) 真理値表　　（b) 回路記号　　　　　(a) 真理値表　　（b) 回路記号

図 2.5　3入力の AND ゲート　　　　　図 2.6　3入力の OR ゲート

ORゲートでは「いずれかの入力が1ならば出力1」であるから，$A=B=C=0$で出力が0，それ以外で出力が1となる。このゲートの入出力関係は$Y=A+B+C$で表される。

図2.7にNANDゲートの真理値表と回路記号を示す。このゲートの出力は，ANDゲートの出力をNOTゲートに通して得られる。その入出力関係は論理式$Y=\overline{A \cdot B}$で表される。回路記号中の○は否定を表す。図2.8にNORゲートの真理値表と回路記号を示す。このゲートの出力は，ORゲートの出力をNOTゲートに通して得られる。その入出力関係は論理式$Y=\overline{A+B}$で表される。

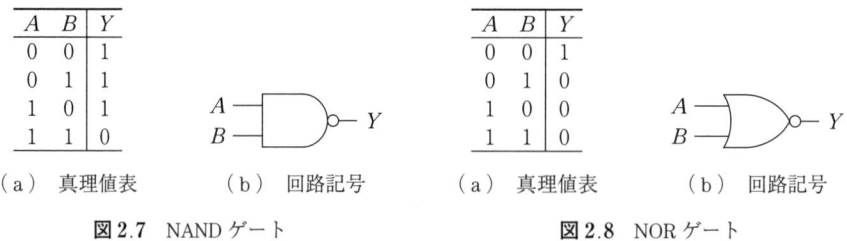

図2.7　NANDゲート　　　　　　図2.8　NORゲート

図2.9にEXORゲートの真理値表と回路記号を示す。このゲートの真理値表はORゲートに似ているが，$A=B=1$で出力が0となる部分がORゲートと異なる。その結果，このゲートでは入力A, Bの値が異なれば出力が1，そうでなければ0となり，入力の不一致が検出される。その入出力関係は論理式$Y=A \oplus B$で表される。ここで記号⊕は「リングサム（ring sum）」と読む。この論理式は**排他的論理和**（exclusive OR）と呼ばれる。図2.10にEXNORゲートの真理値表と回路記号を示す。このゲートの出力は，EXORゲートの出力をNOTゲートに通して得られる。その結果，このゲートでは入力A, Bの値が同じならば出力が1，そうでなければ0となり，入力の一致が検出される。その入出力関係は論理式$Y=\overline{A \oplus B}$で

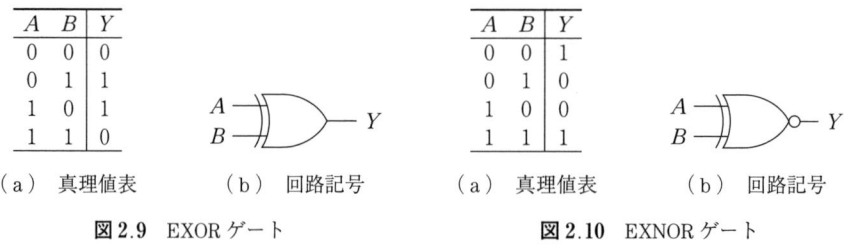

図2.9　EXORゲート　　　　　　図2.10　EXNORゲート

表される。

2.2　集合と論理式

論理ゲートとともに定義された論理式は，集合の考え方を用いればその働きを体系的に理

解できる。本節ではこの集合と論理式との関係について説明する。

集合（set）とは，ある共通の性質を持った要素の集まりである。集合は ① 要素を列挙する，あるいは ② 要素が満たすべき条件を示すことにより，以下の例のように定義される：

① $A = \{0, 1, 2, 3\}$

② $A = \{a | a \text{ は } 0 \text{ 以上 } 3 \text{ 以下の整数}\}$

この例では，① と ② の表記が同じ集合を表している。

a が集合 A の要素であるとき a は A に属するといい，$a \in A$ で表す。また，a が集合 A の要素でないとき $a \notin A$ で表す。例えば，上記の集合 A について，$2 \in A$，$5 \notin A$ である。

集合 A と集合 B について，A のすべての要素が B に属するとき「A は B に含まれる」または「A は B の**部分集合**（subset）である」といい，$A \subset B$ で表す。また，A と B の要素がすべて一致しているとき「A と B は等しい」といい，$A = B$ で表す。例えば，集合 $A = \{0, 1, 2, 3\}$ と集合 $B = \{0, 1, 2, 3, 4, 5\}$ について $A \subset B$ である。要素が一つもない集合を**空集合**（empty set）といい，記号 ϕ で表す。

集合を考えるときは通常，対象となるもの全体の集合 U を考え，注目する集合を U の部分集合として扱う。このような集合 U を**全体集合**（universal set）という。注目する集合を A とするとき，U に属し A に属さない要素全体の集合を**補集合**（complement）といい，$\overline{A}$ で表す。集合 $U, A, \overline{A}$ の関係を表す**ベン図**（Venn's diagram）を**図 2.11**（a）に示す。ベン図は，集合の範囲や複数の集合の関係を視覚的に表現した図であり，この図から $A \subset U$，$\overline{A} \subset U$ であることがわかる。集合 A, B の両方に含まれる要素全体の集合を A と B の**積集合**（intersection）といい，$A \cap B$ で表す。また，集合 A, B の少なくとも一方に含まれる要素全体の集合を**和集合**（union）といい，$A \cup B$ で表す。積集合 $A \cap B$，和集合 $A \cup B$ を表すベン図をおのおの図（b），図（c）に示す。

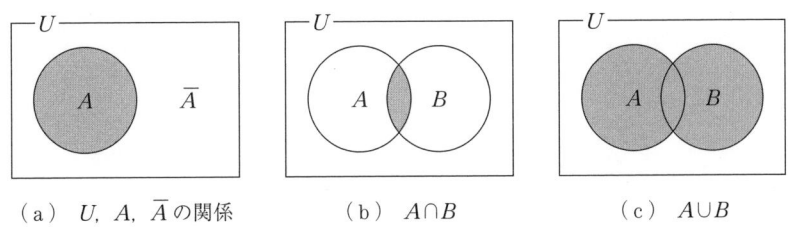

(a) $U, A, \overline{A}$ の関係　　(b) $A \cap B$　　(c) $A \cup B$

図 2.11 基本的な集合を表すベン図

図 2.11（a）において，A に属する要素ならば U に属する。このように「p ならば q である」の形で記述できる文や式を**命題**（proposition）という。命題が正しいか正しくないかは，明確に定められる。命題が正しいとき「その命題は**真**（true）である」といい，命題が正しくないとき「その命題は**偽**（false）である」という。命題「A に属する要素ならば U

に属する」は,図(a)から明らかに真である。

一方,命題「p ならば q である」における p, q の順序を入れ替え,さらにその真偽を入れ替えた「q でなければ p でない」を**対偶**(contraposition)という。命題「A に属する要素ならば U に属する」の対偶は「U に属さない要素ならば A に属さない」である。U の定義から U に属さない要素が存在しないため,その要素が A に属することはない。したがってこの対偶は真である。一般に,命題の真偽とその対偶の真偽は一致する。

基本的な論理式と集合の間には,**表 2.1** に示す対応関係がある。ここでは論理変数 $A=1$ を集合 A に,論理変数 $A=0$ を補集合 $\overline{A}$ に対応させる。これにより論理変数 A は集合 A に,その否定 $\overline{A}$ は補集合 $\overline{A}$ に対応する。この考え方は,論理変数が二つ以上の場合に自然に拡張できる。論理積 $A \cdot B$ は,論理変数 A と B の両方が 1 であるとき 1 となる。これに対し積集合 $A \cap B$ は,集合 A と B の両方に含まれる要素全体の集合である。したがって,論理積 $A \cdot B$ は積集合 $A \cap B$ に対応する。また論理和 $A+B$ は,論理変数 A と B の少なくとも一方が 1 であるときに 1 となる。これに対し和集合 $A \cup B$ は,集合 A と B の少なくとも一方に含まれる要素全体の集合である。したがって論理和 $A+B$ は和集合 $A \cup B$ に対応する。集合について成り立つ性質は,表 2.1 の対応関係を通して論理式でも成り立つ。

表 2.1 論理式と集合の対応

論理式	変数 A	否定 $\overline{A}$	論理積 $A \cdot B$	論理和 $A+B$
集合	集合 A	補集合 $\overline{A}$	積集合 $A \cap B$	和集合 $A \cup B$

(注) U は全体集合を表す。

演習問題

【1】 以下の論理式に対応する論理回路を示せ。
(1) $Z = \overline{A}B + \overline{AC}$
(2) $Z = (\overline{A} + C)\overline{(B + C)}$
(3) $Z = \overline{(B + AC)(AB)}$

【2】 図2.12の各論理回路から真理値表を求めよ。

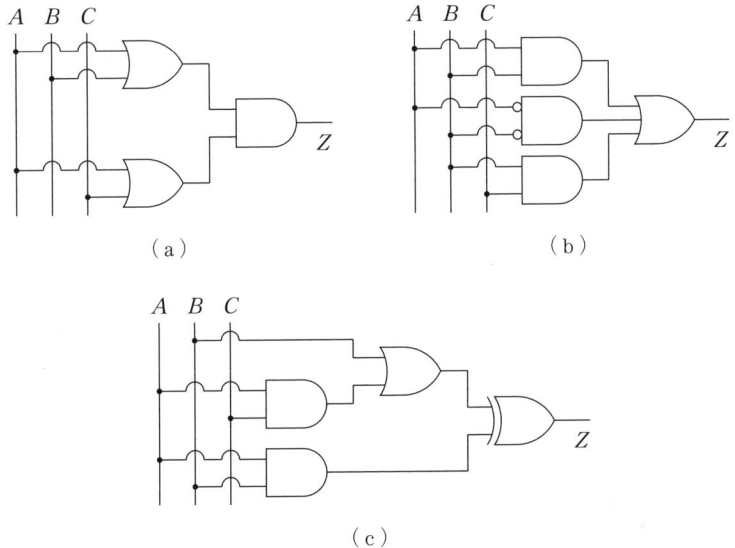

図2.12

【3】 以下の論理式に対応する論理回路を示し，真理値表を求めよ。
(1) $Z = \overline{AB + C\overline{A}}$
(2) $Z = \overline{(A + C)(B + C)}$
(3) $Z = A(B + C) + B\overline{C}$

3. ブール代数

複数の論理ゲートの組合せで構成される論理回路は，単一の論理ゲートにない入出力関係を実現できるが，同時に複雑な構造を持つ。所望の入出力関係を実現するためには，複雑な構造を記述できる数学的な道具が必要である。本章では，この数学的道具である「ブール代数」について説明する。

3.1 ブール代数の必要性

図 3.1 に示されるような，複数の論理ゲートで構成される論理回路を考える。この回路は NOT ゲート二つ，AND ゲート二つ，OR ゲート一つの合計五つの論理ゲートで構成される。回路全体の入力は A と B，出力は Y であり，図のように中間的な論理変数 U と V を導入すればゲート 1，2，3 の入出力関係はおのおの以下の論理式で記述される：

ゲート 1： $U = A\overline{B}$

ゲート 2： $V = \overline{A}B$

ゲート 3： $Y = U + V$

これらを整理すれば，回路全体の入出力関係が次式で与えられる：

$$Y = A\overline{B} + \overline{A}B$$

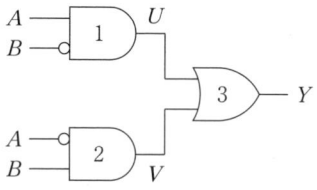

図 3.1 複数の論理ゲートで構成される論理回路

この式は 2 入力の論理和 $U+V$ の各項に二つの論理積 $A\overline{B}$，$\overline{A}B$ がおのおの入る構造になっている。言い換えると，この式は論理式の入れ子構造を持つ。図 3.1 から明らかなように，この入れ子構造の原因は「ゲート 1，2 の出力がゲート 3 の入力に接続されていること」である。

このような接続を用いれば，より複雑で多様な入出力関係を実現できる。しかしその一方で，その入出力関係を記述する論理式も複雑化し，多重の入れ子構造を持った論理式を扱わなければならない。実際に応用されている論理回路では，図 3.1 の回路よりも複雑な入出力関係を持つ論理回路，より多重の入れ子構造を持った論理式を考えなければならない。この

ような回路を見通しよく扱うためには「論理式の数学」を準備し，その利用に慣れておく必要がある．本章ではこの「論理式の数学」，すなわちブール代数について説明する．

3.2 ブール代数の公理と定理

ブール代数（Boolean algebra）は 0 と 1 からなる 2 値論理を扱う数学であり，論理回路設計の基礎を与える．本章ではその公理と定理を紹介する．**公理**（axiom）とは数学で最も基本的なルールである．数学の体系は公理の組合せで構築される．**表** 3.1 にブール代数の公理を示す．

表 3.1 ブール代数の公理

	（ⅰ）	（ⅱ）
公理 1	$0 \cdot 0 = 0$ … （AND）	$1 + 1 = 1$ … （OR）
公理 2	$1 \cdot 1 = 1$ … （AND）	$0 + 0 = 0$ … （OR）
公理 3	$1 \cdot 0 = 0$ … （AND） $0 \cdot 1 = 0$ … （AND）	$0 + 1 = 1$ … （OR） $1 + 0 = 1$ … （OR）
公理 4	$\overline{0} = 1$ … （NOT）	$\overline{1} = 0$ … （NOT）

（AND）と記した四つの式により，論理積 $A \cdot B$ が定義される．論理積は，前章の AND ゲートの入出力関係を表す．同様に，（OR）と記した四つの式により論理和 $A + B$ が，（NOT）と記した二つの式により否定 $\overline{A}$ が定義され，これらはおのおの前章の OR ゲート，NOT ゲートの入出力関係を表す．また，この表に記号と数字の変換：

$$+ \to \cdot, \quad \cdot \to +, \quad 0 \to 1, \quad 1 \to 0$$

を適用すると，（ⅰ）は（ⅱ）になり（ⅱ）は（ⅰ）になる．このような関係があるとき「（ⅰ）と（ⅱ）は**双対**（dual）である」という．（ⅰ）と（ⅱ）が双対であるとき，（ⅰ）が正しければ（ⅱ）も正しい．逆もまた成り立つ．

つぎにブール代数の定理を紹介する．**定理**（theorem）とは公理から導かれるルールであり，その正しさが証明により裏付けられていなければならない．**表** 3.2 にブール代数の基本的な定理を示す．この表で（ⅰ）と（ⅱ）は双対である．これらの定理は，右側に示した名称で呼ばれる．背景が白色の論理式のうち，定理 1 から定理 4 は公理から自然に理解される．また，定理 5，定理 6，定理 7（ⅱ）は通常の文字式の計算と同じ形をしている．一方，背景が灰色の論理式は通常の文字式の計算とは異なり，ブール代数に特有な形をしている．以下でこれら五つの式を証明しよう．

定理 7（ⅰ），定理 8（ⅰ），（ⅱ）はベン図を用いて証明する．**表** 3.3 に，表 2.1 で示した論理式と集合の対応を再掲する．集合について成り立つ性質は，この対応関係を通して論理

表3.2 ブール代数の基本的な定理

定理1　$\overline{\overline{A}}=A$　　復帰則

	(i)	(ii)	
定理2	$A \cdot A = A$	$A + A = A$	べき等則
定理3	$A \cdot 0 = 0$	$A + 1 = 1$	0元の性質／1元の性質
定理4	$A \cdot \overline{A} = 0$	$A + \overline{A} = 1$	補元の性質
定理5	$A \cdot B = B \cdot A$	$A + B = B + A$	交換則
定理6	$(A \cdot B) \cdot C = A \cdot (B \cdot C)$	$(A + B) + C = A + (B + C)$	結合則
定理7	$A + B \cdot C = (A + B) \cdot (A + C)$	$A \cdot (B + C) = A \cdot B + A \cdot C$	分配則
定理8	$\overline{A \cdot B} = \overline{A} + \overline{B}$	$\overline{A + B} = \overline{A} \cdot \overline{B}$	ド・モルガンの定理
定理9	$A + A \cdot B = A$	$A \cdot (A + B) = A$	吸収則

表3.3 論理式と集合の対応（再掲）

論理式	変数 A	否定 $\overline{A}$	論理積 $A \cdot B$	論理和 $A + B$
集合	集合 A	補集合 $\overline{A}$	積集合 $A \cap B$	和集合 $A \cup B$

（注）Uは全体集合を表す。

式でも成り立つ．このことを用いれば，定理7(i)，定理8(i)，(ii)を**図3.2**のように証明できる．また，定理9(i)，(ii)は定理2と定理3を用いて以下のように証明できる：

（定理9(i)の証明）　$A + AB = A \cdot 1 + AB = A(1 + B) = A$　　（∵　定理3より $1 + B = 1$）

（定理9(ii)の証明）　$A \cdot (A + B) = A \cdot A + AB = A + AB$　　（∵　定理2より $A \cdot A = A$）

　　　　　　　　　　$= A$　　　　　　　　　　　　　　　（∵　定理9(i)の結果を活用）

以上の定理を用いてさまざまな等式を証明できる．以下にその例を示す：

〈例1〉　$\overline{\overline{A} + \overline{B}} = AB$ を証明せよ．

（証明）　$X = \overline{A}$，$Y = \overline{B}$ とおいて（左辺）$= \overline{X + Y} = \overline{X} \cdot \overline{Y}$　　（∵　定理8(ii)）

　　　　　　　　　　　　　　　　　　　$= \overline{\overline{A}} \cdot \overline{\overline{B}} = AB$　　（∵　定理1より $\overline{\overline{A}} = A$，$\overline{\overline{B}} = B$）

〈例2〉　$(A + B)(A + \overline{B}) = A$ を証明せよ．

（証明）　（左辺）$= AA + A\overline{B} + BA + B\overline{B}$　　（∵　定理7）

　　　　　　　　$= AA + A\overline{B} + BA$　　　　　　（∵　定理4より $B \cdot \overline{B} = 0$）

　　　　　　　　$= A + A\overline{B} + BA$　　　　　　　（∵　定理2より $A \cdot A = A$）

　　　　　　　　$= A + A(\overline{B} + B)$

　　　　　　　　$= A + A$　　　　　　　　　　　　（∵　定理4より $\overline{B} + B = 1$）

　　　　　　　　$= A$　　　　　　　　　　　　　　（∵　定理2より $A + A = A$）

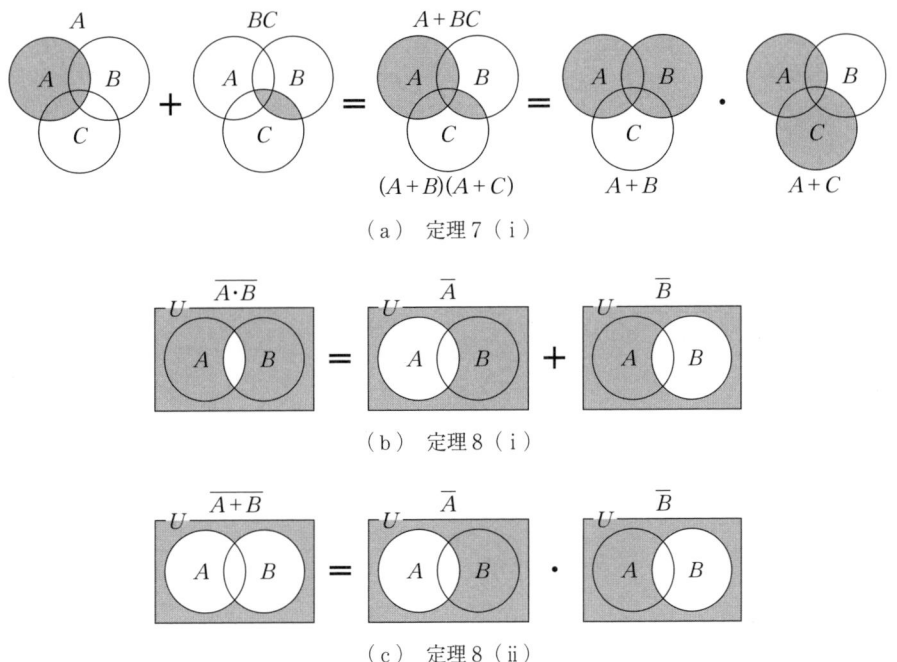

(a) 定理7（i）

(b) 定理8（i）

(c) 定理8（ii）

図3.2 ベン図による証明

〈例3〉 $AB+B\overline{C}+CA=AC+B\overline{C}$ を証明せよ。

(証明) (左辺) $=AB(C+\overline{C})+B\overline{C}+AC$ （∵ 定理4より $C+\overline{C}=1$）

$\qquad\qquad =ABC+AB\overline{C}+B\overline{C}+AC$ （∵ 定理7）

$\qquad\qquad =ABC+AC+AB\overline{C}+B\overline{C}$ （∵ 定理5）

$\qquad\qquad =AC(B+1)+B\overline{C}(A+1)$ （∵ 定理7）

$\qquad\qquad =AC+B\overline{C}$ （∵ 定理3より $A+1=1$, $B+1=1$）

例1に対応する回路を**図3.3**に，例3に対応する回路を**図3.4**に示す．計算の複雑さや項数の意味で左辺の式より右辺の式のほうが簡単になり，その事実が回路の構成に直接反映されることに注意されたい．このようにブール代数の定理をうまく活用すると，論理式ひいては論理回路を簡単化することができる．

(a) 左辺　　　　　　　　　(b) 右辺

図3.3 例1に対応する回路

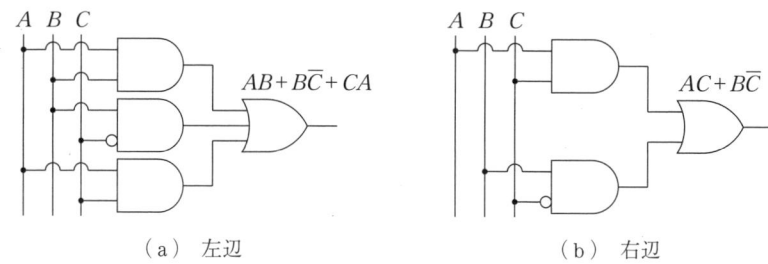

（a）左辺　　　　　　　　（b）右辺

図3.4　例3に対応する回路

演習問題

【1】以下の論理式の両辺をベン図で表し，等式が成り立つことを示せ．
(1) $B + AB = B$
(2) $B(A + B) = B$
(3) $B + A\overline{B} = A + B$
(4) $B(A + \overline{B}) = AB$

【2】以下の論理式をブール代数の定理を用いて証明せよ．
(1) $A + \overline{A}B = A + B$
(2) $AB + \overline{B} = A + \overline{B}$
  ※(1),(2)のヒント：$X + \overline{X} = 1$, $X + X = X$
(3) $A\overline{B} + BC + CA = A\overline{B} + BC$
(4) $AB + ABC + A\overline{B} = A$
(5) $\overline{A}BC + AB\overline{C} + ABC = AB + BC$
  ※(3),(4),(5)のヒント：$X + \overline{X} = 1$, $X + 1 = 1$, $X + X = X$
(6) $AB + A\overline{B} + \overline{A}\overline{B} = A + \overline{B}$
(7) $AC + \overline{A}BC + A\overline{C} + \overline{A}B\overline{C} = A + B$
  ※(6),(7)のヒント：$X + \overline{X} = 1$, $X + YZ = (X + Y)(X + Z)$
(8) $\overline{A\overline{B}} + \overline{A}B = AB + \overline{A}\overline{B}$
(9) $\overline{AB} + \overline{A}C = AB$
  ※(8),(9)のヒント：ド・モルガンの定理，$X + 1 = 1$

4. 正論理と負論理

真理値表は二通りの読み方ができる。それらの読み方は正論理・負論理と呼ばれる。このことを利用すると，NAND ゲートや NOR ゲート 1 種類のみにより任意の論理関数を構成できる。本章では以上について説明する。

4.1 真理値表の解釈

本節では，真理値表の解釈と論理回路との対応について述べる。例として，**表 4.1** に示す AND の真理値表を考えよう。この真理値表は以下の二通りの読み方ができる：

　　　　1 に注目する ・・・「すべての入力が 1 のとき，出力が 1 となる」

　　　　0 に注目する ・・・「いずれかの入力が 0 のとき，出力が 0 となる」

前者の読み方を**正論理**（positive logic），後者の読み方を**負論理**（negative logic）と呼ぶ。これらは一つの真理値表に対する読み方の違いにすぎないので，まったく同じ入出力関係を記述する。

表 4.1　AND の真理値表

A	B	Y
0	0	0
0	1	0
1	0	0
1	1	1

おのおのに対応する論理回路はどのようになるだろうか。この正論理と負論理に対応する論理回路を**図 4.1** に示す。

正論理はこれまでの読み方とまったく同じであるから，その入出力関係は論理式 $Y = A \cdot B$ で表され，図（a）の回路で実現される。一方，負論理の回路は以下の方針に従って構築さ

（a）正論理（$Y = A \cdot B$）　　（b）負論理（$Y = \overline{\overline{A} + \overline{B}}$）

図 4.1　表 4.1 に対応する論理回路

- 「どれかの入力が…」に対応する論理関数は OR（論理和）であるから，その実現には OR ゲートを用いる．
- 入力・出力ともに値 0 に注目しているので，おのおのに否定（記号○）を付加する．

結果として負論理では，その入出力関係が論理式 $Y=\overline{\overline{A}+\overline{B}}$ で表され，図（b）の回路で実現される．この二つの回路がまったく同じ入出力関係を記述すること，すなわち $A \cdot B = \overline{\overline{A}+\overline{B}}$ は，前章のブール代数の定理を用いて以下のように証明できる：

（証明）　$U=\overline{A}$, $V=\overline{B}$ とおいて

$$（右辺）=\overline{U+V}=\overline{U}\cdot\overline{V} \quad (\because \ \text{ド・モルガンの定理})$$
$$=\overline{\overline{A}}\cdot\overline{\overline{B}}=AB \quad (\because \ \text{復帰則より}\ \overline{\overline{A}}=A,\ \overline{\overline{B}}=B)$$

OR の真理値表から出発した場合も同様の議論により，正論理 $A+B$ に対して負論理 $\overline{\overline{A}\cdot\overline{B}}$ がまったく等価であることを示せる．以上をまとめると，AND ゲートと OR ゲートについて一般に以下のことがいえる．

あるゲートに以下の置き換えを適用すると，適用後のゲートは元のゲートとまったく同じ働きをする：

　　　　　ゲートの種類：　AND ↔ OR

　　　　　入力と出力に：　○なし ↔ ○あり

このことは，真理値表を論理回路で実現する際にその方法が複数あることを意味している．実際の論理回路設計では，この性質を利用して複数の選択肢の中から最も望ましい回路を選ぶ．

4.2　NAND や NOR による完全系

2 章で紹介した基本論理ゲート（NOT・AND・OR）を用いれば，任意の論理関数を構成できる．このことは，3 章で示したブール代数の公理からも明らかである．このような論理ゲートの組を**完全系**（complete set）と呼ぶ．前章の置き換えを利用すると，NAND や NOR のどちらか 1 種類を用いて完全系を構築できる．その事実を証明するには，どちらか 1 種類による NOT・AND・OR の構成を示せばよい．以下にこれを示す．

[**NOT の構成**]

I．入力の値の固定

図 4.2（a）に，この方法を用いた NAND による NOT の構成を示す．（ⅰ）の図のように NAND でつねに入力を $B=1$ とすれば，（ⅱ）の表で $B=0$ となる行の入出力関係は観測されない．この表を整理すると（ⅲ）の表が得られ，これは NOT の真理値表に等価である．図

4.2 NAND や NOR による完全系

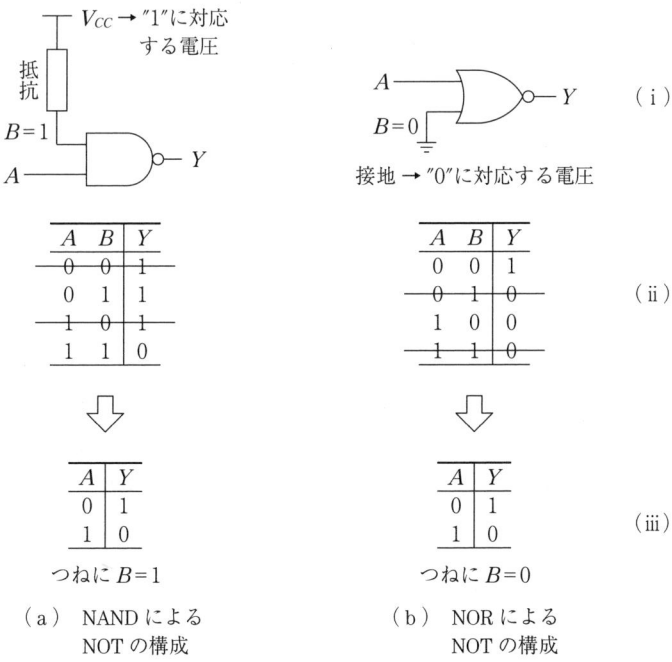

(a) NAND による
　　 NOT の構成

(b) NOR による
　　 NOT の構成

図 4.2　入力の値の固定

(b) に，この方法を用いた NOR による NOT の構成を示す．これも図 (a) と同様の手順で考えることができる．

Ⅱ．入力の共通化

図 4.3 (a) に，この方法を用いた NAND による NOT の構成を示す．(ⅰ) の図のように

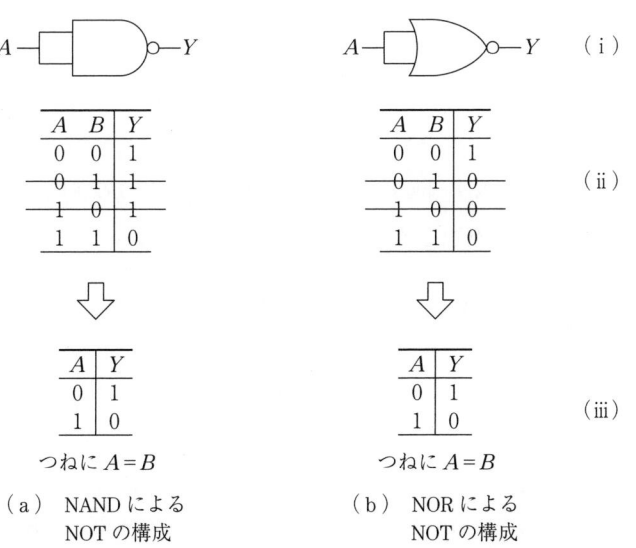

(a) NAND による
　　 NOT の構成

(b) NOR による
　　 NOT の構成

図 4.3　入力の共通化

NANDでつねに入力を$A=B$とすれば，(ⅱ)の表で$A \neq B$となる行の入出力関係は観測されない。この表を整理すると(ⅲ)の表が得られ，これはNOTの真理値表に等価である。図(b)に，この方法を用いたNORによるNOTの構成を示す。これも図(a)と同様の手順で考えることができる。

[ANDやORの構成]

Ⅰ. 4.1節の置き換えの利用

図4.4(a)にこの方法を用いたNORとNOTによるANDの構成，図(b)にNANDとNOTによるORの構成を示す。得られた回路のNOTゲートに[NOTの構成]の結果を適用すれば，NORのみによるAND，NANDのみによるORがおのおの完成する。

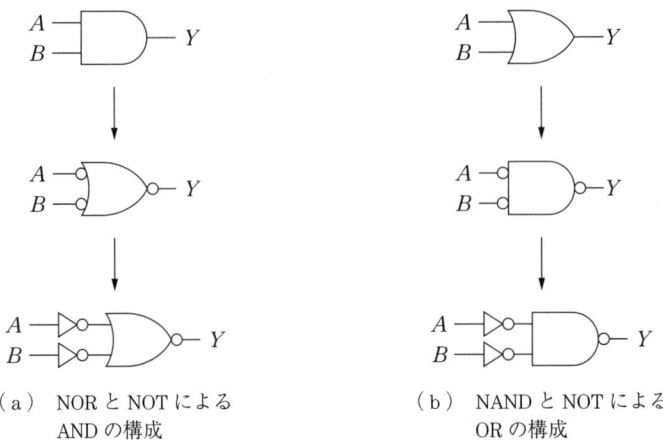

(a) NORとNOTによる　　　(b) NANDとNOTによる
　　ANDの構成　　　　　　　　ORの構成

図4.4　4.1節の置き換えの利用

Ⅱ. 二重否定の利用

図4.5(a)にこの方法を用いたNANDとNOTによるANDの構成，図(b)にNORとNOTによるORの構成を示す。得られた回路のNOTゲートに[NOTの構成]の結果を適用すれば，NANDのみによるAND，NORのみによるORがおのおの完成する。

以上を踏まえると，つぎの例題を考えることができる。

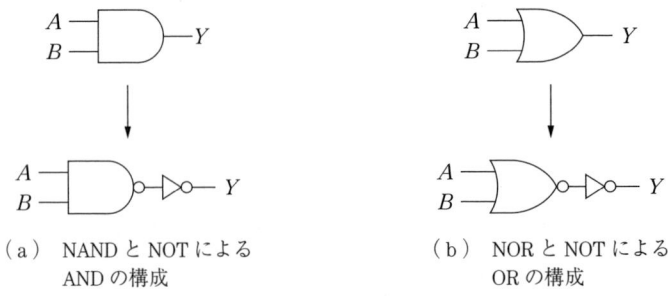

(a) NANDとNOTによる　　　(b) NORとNOTによる
　　ANDの構成　　　　　　　　ORの構成

図4.5　二重否定の利用

4.2 NAND や NOR による完全系　25

例題 4.1　図 4.6 の論理回路を，NAND ゲートのみで構成せよ。

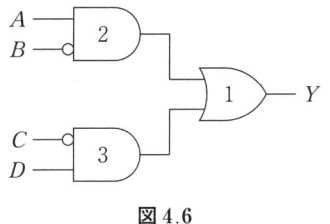

図 4.6

解答

図 4.7 に示す。

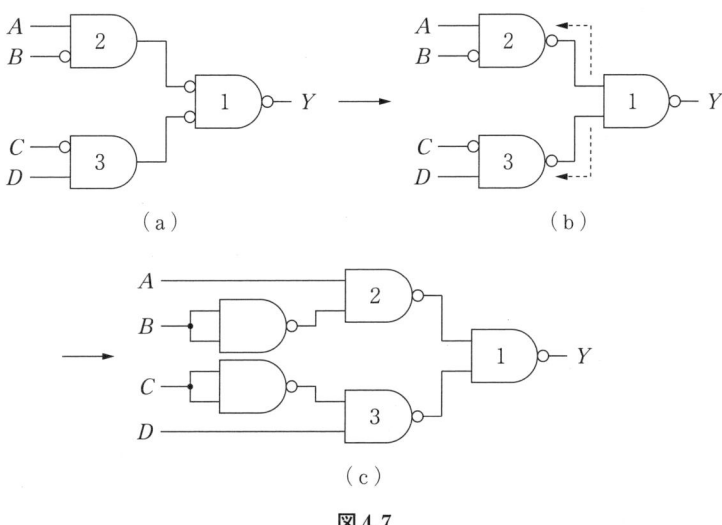

図 4.7

図 4.7 の各回路の説明は，以下のとおりである。

図 (a)　4.1 節の置き換えを，全体の出力 Y に最も近いゲート 1 に適用する。

図 (b)　ゲート 1 の入力にある NOT ゲート（記号○）を，ゲート 2, 3 の出力に移動させる。

図 (c)　ゲート 2, 3 の入力にある NOT ゲートを，NAND ゲートで構成する。　◆

演習問題

【1】 図4.8の各回路を，NANDゲートのみの回路に書き換えよ。

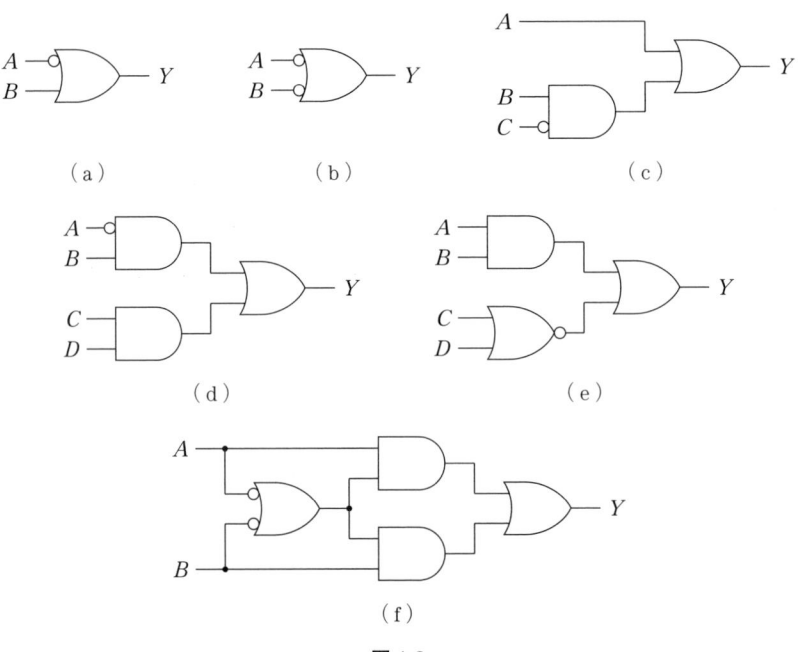

図4.8

【2】 図4.9の各回路を，NORゲートのみの回路に書き換えよ。

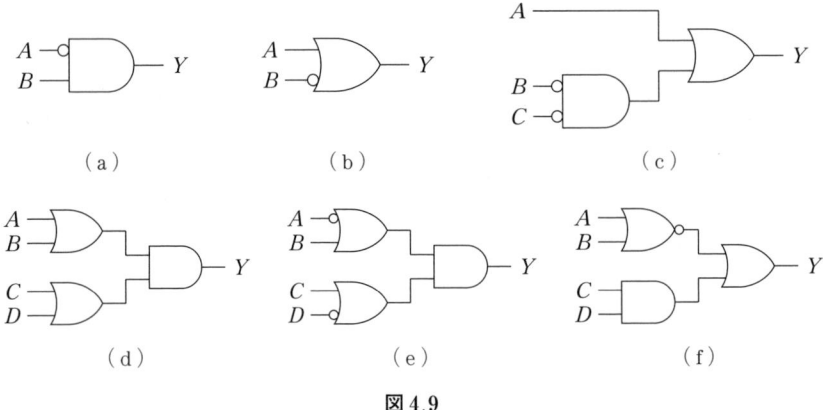

図4.9

5. 論理関数の標準形

論理回路の設計では通常，与えられた真理値表の入出力関係をもれなく表す論理式（論理関数の標準形）を導出し，それを簡単化してから回路で実現する。この手順に従えば，確実で無駄のない設計が可能となる。本章では，代表的な標準形である加法標準形と乗法標準形を説明する。

5.1 論理回路の設計手順

ここまでは論理回路の基本的な性質を学んできた。一般の論理回路の設計はこれらを土台に，以下の流れで行われる：

① 所望の論理関数を記述する真理値表を作成する。

② 真理値表の入出力関係をもれなく表す論理式を導出する。これを論理関数の**標準形**（canonical form）という。

③ 得られた論理式を簡単化する。

④ 簡単化した論理式を回路で実現する。

論理関数の標準形による表現は堅実である一方，要領が悪く無駄が多い。そこで，この標準形から変数の種類や項数をできるだけ減らす手続きを実施する。これが論理関数の簡単化である。もしこの簡単化を実施しなければ，無駄の多い論理式をそのまま回路で実現することになる。この無駄は論理回路の製造コストを押し上げるので，可能な限り取り除かれなければならない。

本章では上記②の標準形の中でよく用いられる加法標準形と乗法標準形について説明する。③の簡単化については6章で基本的な手法を，7章で実用的な手法を取り上げる。

5.2 加法標準形

想定されるすべての変数を含む論理積の項を**最小項**（minterm）という。最小項に含まれる変数はそのままの形でも否定されていてもよい。また，最小項の論理和で構成される標準

5. 論理関数の標準形

形を**加法標準形**（disjunctive canonical form）または**論理和標準形**と呼ぶ。例えば三つの論理変数 A, B, C を考えると，$AB\overline{C}$, $\overline{AB}\overline{C}$ は最小項であるが AB, BC, $\overline{A}$ は最小項ではない。また，$ABC+AB\overline{C}$ や $\overline{ABC}+\overline{A}BC$ は加法標準形であるが，$ABC+CA$ や $A+BC$ は加法標準形ではない。

対象とする論理関数の真理値表が与えられれば，以下の手順でその加法標準形が導出される：

（1）真理値表で出力が1の行すべてに印を付ける。

（2）（1）の各行で入力が1の変数はそのまま，入力が0の変数は否定して最小項を作る。

（3）得られた最小項の論理和をとる。

例題5.1 図5.1の真理値表から加法標準形を導出し，これに対応する回路を示せ。

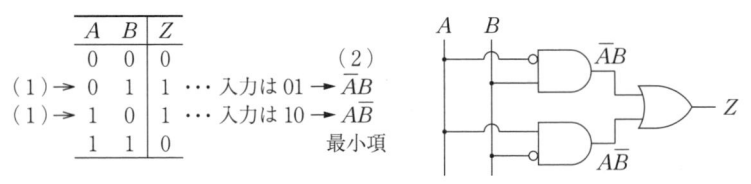

	A	B	Z
	0	0	0
(1)→	0	1	1
(1)→	1	0	1
	1	1	0

（2）入力は 01 → $\overline{A}B$
入力は 10 → $A\overline{B}$
最小項

（3）最小項の論理和をとり，$Z=\overline{A}B+A\overline{B}$

図5.1 例題5.1の問題と解答

解 答

図5.1に手順と回路を示す。加法標準形は以下の手順で導出される。

（1）出力 Z が1の行は2行目と3行目である。これらの行に印を付ける。

（2）2行目の入力は $A=0$, $B=1$ なので，この行からの最小項は $\overline{A}$ と B の論理積 $\overline{A}B$ となる。また，3行目の入力は $A=1$, $B=0$ なので，この行からの最小項は A と $\overline{B}$ の論理積 $A\overline{B}$ となる。

（3）得られた最小項 $\overline{A}B$, $A\overline{B}$ の論理和をとり，加法標準形 $Z=\overline{A}B+A\overline{B}$ が導かれる。

この加法標準形 $Z=\overline{A}B+A\overline{B}$ の正しさは，つぎのように入力の値を代入することで確かめられる：

$A=0$, $B=0$ のとき，$Z=\overline{0}\cdot 0+0\cdot\overline{0}=1\cdot 0+0\cdot 1=0+0=0$

$A=0$, $B=1$ のとき，$Z=\boxed{\overline{0}\cdot 1}+0\cdot\overline{1}=1\cdot 1+0\cdot 0=1+0=1$

$A=1$, $B=0$ のとき，$Z=\overline{1}\cdot 0+\boxed{1\cdot\overline{0}}=0\cdot 0+1\cdot 1=0+1=1$

$A=1$, $B=1$ のとき，$Z=\overline{1}\cdot 1+1\cdot\overline{1}=0\cdot 1+1\cdot 0=0+0=0$

この結果から，（1）で印を付けた2行目と3行目のみで $Z=1$ となること，および，その行で作った最小項（□で囲まれた部分）のみが値1を持つことがわかる。またこの標準形は，つぎの例題5.2のように変数が増えた場合にも有効である。　◆

5.2 加法標準形

例題 5.2　図 5.2 の真理値表から加法標準形を導出し，これに対応する回路を示せ。

	A	B	C	Z	
(1)	0	0	0	1	… 入力は 000 → $\overline{A}\overline{B}\overline{C}$
	0	0	1	0	
	0	1	0	0	
	0	1	1	0	
(1)	1	0	0	1	… 入力は 100 → $A\overline{B}\overline{C}$
(1)	1	0	1	1	… 入力は 101 → $A\overline{B}C$
	1	1	0	0	
(1)	1	1	1	1	… 入力は 111 → ABC

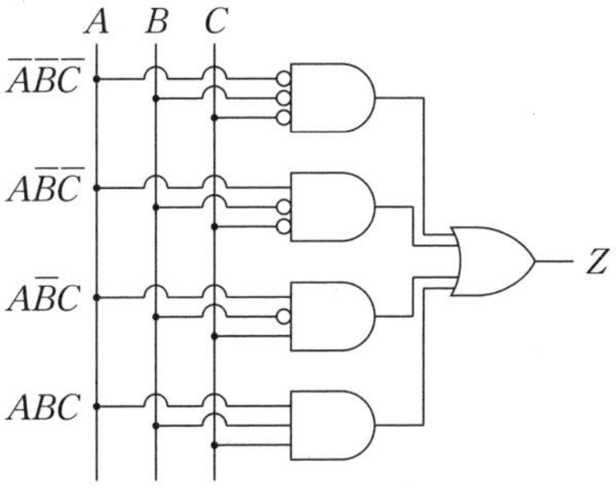

(3) 最小項の論理和をとり，$Z = \overline{A}\overline{B}\overline{C} + A\overline{B}\overline{C} + A\overline{B}C + ABC$

図 5.2　例題 5.2 の問題と解答

解 答

図 5.2 に手順と回路を示す。加法標準形は以下の手順で導出される。

（1）　出力 Z が 1 の行は 1 行目，5 行目，6 行目，8 行目である。これらの行に印を付ける。

（2）　1 行目，5 行目，6 行目，8 行目の入力はおのおの $(A, B, C) = (0, 0, 0)$，$(1, 0, 0)$，$(1, 0, 1)$，$(1, 1, 1)$ である。これらに対応する最小項はおのおの $\overline{A}\overline{B}\overline{C}$，$A\overline{B}\overline{C}$，$A\overline{B}C$，$ABC$ となる。

（3）　得られた最小項の論理和をとり，加法標準形 $Z = \overline{A}\overline{B}\overline{C} + A\overline{B}\overline{C} + A\overline{B}C + ABC$ が導かれる。

この例題でも例題 5.1 と同様，得られた標準形に入力の値のすべての組合せを代入することで，その正しさを確かめることができるので，各自確認されたい。　◆

最後に，つぎの例題を通して加法標準形の特徴を強調する。

例題 5.3　図 5.3 の真理値表から加法標準形を導出し，結果をベン図に示せ。

	A	B	C	Z	
	0	0	0	0	
	0	0	1	0	
(1)	0	1	0	1	… 入力は 010 → $\overline{A}B\overline{C}$
(1)	0	1	1	1	… 入力は 011 → $\overline{A}BC$
	1	0	0	0	
	1	0	1	0	
(1)	1	1	0	1	… 入力は 110 → $AB\overline{C}$
(1)	1	1	1	1	… 入力は 111 → ABC

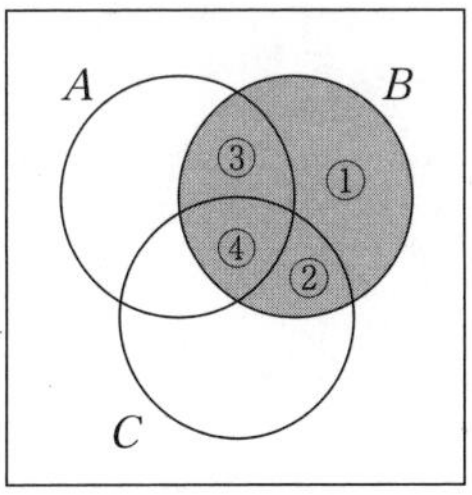

$Z = \overline{A}B\overline{C} + \overline{A}BC + AB\overline{C} + ABC = B$
　　①　　　②　　　③　　④

(3) 最小項の論理和をとり，$Z = \overline{A}B\overline{C} + \overline{A}BC + AB\overline{C} + ABC$

図 5.3　例題 5.3 の問題と解答

解答

図5.3に手順とベン図を示す。加法標準形は以下の手順で導出される。

（1） 出力Zが1の行は3行目，4行目，7行目，8行目である。これらの行に印を付ける。

（2） 3行目，4行目，7行目，8行目の入力はおのおの$(A,B,C)=(0,1,0)$, $(0,1,1)$, $(1,1,0)$, $(1,1,1)$である。これらに対応する最小項はおのおの$\overline{A}B\overline{C}$, $\overline{A}BC$, $AB\overline{C}$, ABCとなる。

（3） 得られた最小項の論理和をとり，加法標準形$Z=\overline{A}B\overline{C}+\overline{A}BC+AB\overline{C}+ABC$が導かれる。

ベン図から明らかなように，本例題の加法標準形は単独の論理変数Bに等しい。このことは，以下のような式変形によっても確かめられる：

$$\overline{A}B\overline{C}+\overline{A}BC+AB\overline{C}+ABC=\overline{A}B(\overline{C}+C)+AB(\overline{C}+C)$$
$$=\overline{A}B+AB \qquad (\because \ \overline{C}+C=1)$$
$$=(\overline{A}+A)B$$
$$=B \qquad (\because \ \overline{A}+A=1) \qquad \blacklozenge$$

以上の三つの例題から，加法標準形の特徴をつぎのようにまとめることができる：

- 「部品を組み立てて完成品を作る」イメージで最小項の論理和をとり，記述にもれのない論理式を構築できる。このことは変数が増えた場合でも正しい。
- 堅実な記述ができる一方で要領が悪く無駄が多い。この無駄は，ベン図を用いた表現やブール代数の定理を用いた式変形により排除できる。

この無駄の排除をより確実に，より効率的に行う方法はないだろうか。その方法については，6章および7章で説明する。

5.3 乗法標準形

加法標準形では出力が1となる行に注目して論理式を導いたが，出力が0となる行に注目して論理式を導くこともできる。想定されるすべての変数を含む論理和の項を**最大項**（maxterm）という。最大項に含まれる変数はそのままの形でも否定されていてもよい。また，最大項の論理積で構成される標準形を**乗法標準形**（conjunctive canonical form）または**論理積標準形**と呼ぶ。例えば三つの論理変数A, B, Cを考えると，$A+B+\overline{C}$, $\overline{A}+B+\overline{C}$は最大項であるが$A+B$, $\overline{B}+C$, $\overline{A}$は最大項ではない。また，$(A+B+C)(A+B+\overline{C})$や$(\overline{A}+B+\overline{C})(\overline{A}+B+C)$は乗法標準形であるが，$(A+B+C)(\overline{C}+A)$や$A(B+C)$は乗法標準形

5.3 乗法標準形

ではない。

対象とする論理関数の真理値表が与えられれば，以下の手順でその乗法標準形が導出される：

（1） 真理値表で出力が0の行すべてに印を付ける。
（2） （1）の各行で入力が0の変数はそのまま，入力が1の変数は否定して最大項を作る。
（3） 得られた最大項の論理積をとる。

例題5.4　図5.4の真理値表から乗法標準形を導出し，これに対応する回路を示せ。

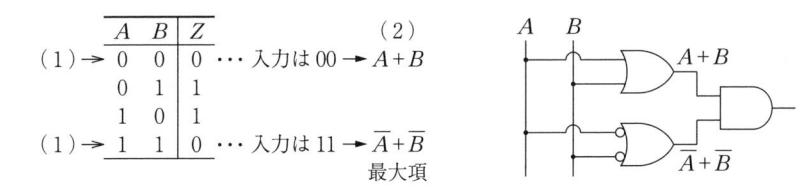

	A	B	Z
(1)→	0	0	0	… 入力は00 → $A+B$
	0	1	1
	1	0	1
(1)→	1	1	0	… 入力は11 → $\overline{A}+\overline{B}$ 最大項

（3）最大項の論理積をとり，$Z=(A+B)(\overline{A}+\overline{B})$

図5.4　例題5.4の問題と解答

解答

図5.4に手順と回路を示す。乗法標準形は以下の手順で導出される。

（1） 出力Zが0の行は1行目と4行目である。これらの行に印を付ける。
（2） 1行目の入力は$A=0$，$B=0$なので，この行からの最大項はAとBの論理和$A+B$となる。また，4行目の入力は$A=1$，$B=1$なので，この行からの最大項は$\overline{A}$と$\overline{B}$の論理和$\overline{A}+\overline{B}$となる。
（3） 得られた最大項$\overline{A}+\overline{B}$，$A+B$の論理積をとり，乗法標準形$Z=(\overline{A}+\overline{B})(A+B)$が導かれる。

この乗法標準形$Z=(A+B)(\overline{A}+\overline{B})$の正しさは，つぎのように入力の値を代入して確かめられる：

$A=0$，$B=0$のとき，$Z=(\overline{0}+\overline{0})(0+0)=(1+1)(0+0)=1\cdot 0=0$
$A=0$，$B=1$のとき，$Z=(\overline{0}+\overline{1})(0+1)=(1+0)(0+1)=1\cdot 1=1$
$A=1$，$B=0$のとき，$Z=(\overline{1}+\overline{0})(1+0)=(0+1)(1+0)=1\cdot 1=1$
$A=1$，$B=1$のとき，$Z=(\overline{1}+\overline{1})(1+1)=(0+0)(1+1)=0\cdot 1=0$

この結果から，（1）で印を付けた1行目と4行目のみで$Z=0$となることがわかる。また，この標準形は加法標準形と同様に，変数が増えた場合にも有効である。◆

加法標準形と乗法標準形は，任意の論理関数について等価である。このことを簡単な例で

示そう。例題5.1と例題5.4では同じ真理値表が与えられ，前者では加法標準形を，後者では乗法標準形を導いた。それらを以下に再掲する。

加法標準形　　$Z = \overline{A}B + A\overline{B}$

乗法標準形　　$Z = (\overline{A} + \overline{B})(A + B)$

上の乗法標準形をつぎのように展開すると，それが上の加法標準形と等価であることを示せる：

$Z = A\overline{A} + A\overline{B} + B\overline{A} + B\overline{B} = A\overline{B} + B\overline{A}$　　（$\because\ A\overline{A} = 0,\ B\overline{B} = 0$）

同様の計算を，任意の論理関数について行うことができる。

　与えられた真理値表から論理式を導くとき，加法標準形と乗法標準形のどちらを用いるべきか迷うかもしれない。得られる論理式の複雑さの点からいえば，出力の1の数が0の数より少なければ加法標準形，そうでなければ乗法標準形を用いるのがよい。また，加法標準形は6章および7章で説明する論理関数の簡単化の方法の出発点となっているため，一般には加法標準形のほうがよく用いられる。

演習問題

【1】 表5.1の各真理値表について，つぎの問に答えよ。なお，論理式の簡単化は不要である。

表5.1 真理値表

(a) A	B	C	Z	(b) A	B	C	Z	(c) A	B	C	Z
0	0	0	0	0	0	0	0	0	0	0	0
0	0	1	0	0	0	1	1	0	0	1	1
0	1	0	0	0	1	0	1	0	1	0	0
0	1	1	1	0	1	1	0	0	1	1	1
1	0	0	0	1	0	0	1	1	0	0	1
1	0	1	1	1	0	1	0	1	0	1	0
1	1	0	1	1	1	0	0	1	1	0	1
1	1	1	1	1	1	1	1	1	1	1	0

(1) 各表から加法標準形の論理式を導け。
(2) 各表から乗法標準形の論理式を導け。

【2】 0から7までの10進数を，論理変数 A, B, C を用いて2進数で表現する。以下の問に答えよ。

(1) 偶数2, 4, 6を検出する回路を考える。表5.2のように A, B, C を入力とし，これらの数を検出したら出力 Z に1を出力させる。このときの真理値表を作成し，加法標準形の論理式を導け。なお，論理式の簡単化は不要である。

表5.2 真理値表の作り方

対応する 10進数	入力 A	B	C	出力 Z
0	0	0	0	
1	0	0	1	
2	0	1	0	
⋮		⋮		
7	1	1	1	

(2) 素数2, 3, 5, 7を検出する回路を考える。(1)と同様に真理値表を作成し，加法標準形の論理式を導け。

6. カルノー図を用いた論理関数の簡単化

本章と次章では，前章で導出された論理関数の標準形を簡単化する手順について説明する。本章ではカルノー図と呼ばれる，真理値表の図的表現を用いた方法を説明する。この方法は直感的に理解しやすいのみならず，次章の方法の基本原理を与えている。

6.1 論理関数の簡単化とカルノー図

本章ではつぎの例題を通して，**カルノー図**（Karnaugh map）を用いた論理関数の簡単化を説明する。

例題 6.1 以下の加法標準形で与えられる論理関数を，カルノー図を用いて簡単化せよ：

$$Y = \overline{A}\overline{B}\overline{C} + A\overline{B}\overline{C} + A\overline{B}C + \overline{A}BC + ABC$$

結論を先に述べれば，この論理関数は以下のように簡単化される：

$$Y = B + A\overline{C}$$

両者の「見た目」は大きく異なり，後者は前者に比べて論理和の項数が少なく，各項に含まれる変数の数も少ない。それにもかかわらず，両者はともに**表 6.1** の真理値表に示される入出力関係を持つ。このように，与えられた論理関数と共通の入出力関係を持ちながらも，より項数が少なく，各項に含まれる変数の数も少ない論理関数を見つけることを**論理関数の簡単化**という。

表 6.1 論理関数 Y の真理値表

A	B	C	Y
0	0	0	0
0	0	1	0
0	1	0	1
0	1	1	1
1	0	0	1
1	0	1	0
1	1	0	1
1	1	1	1

6.1 論理関数の簡単化とカルノー図

簡単化された論理関数が以下の性質を持つとき，その論理関数を**最小論理和形**（minimum sum-of-products expression）と呼ぶ：

- どの項を取り除いても元の論理関数を表現できない論理和である。
- 項数が最も少なく，各項に含まれる変数の数も最も少ない。

上記の簡単化された論理関数はこの性質を持ち，最小論理和形である。本章で説明するカルノー図を用いた方法と次章で説明するクワイン・マクラスキー法は，与えられた論理関数の最小論理和形を見つける方法として一般に知られている。本章の方法は直感的でわかりやすく，次章の方法は体系的で計算機処理に向くといった特徴があり，前者は後者の基礎を与える。

本章の方法で用いるカルノー図は，真理値表を図に表したものである。**図 6.1** に 3 変数のカルノー図を示す。また，**図 6.2** にこのカルノー図における変数の値の入れ替わりを示す。この図からわかるように，カルノー図では隣り合うマス目で一つの変数の 0 と 1 が入れ替わる。また同じ行の左端と右端，同じ列の上端と下端でも一つの変数の 0 と 1 が入れ替わる。言い換えれば，左端と右端・上端と下端は隣り合うとみなせる。

AB\C	00	01	11	10
0				
1				

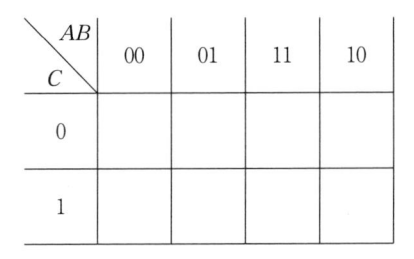

図 6.1 3 変数のカルノー図の例

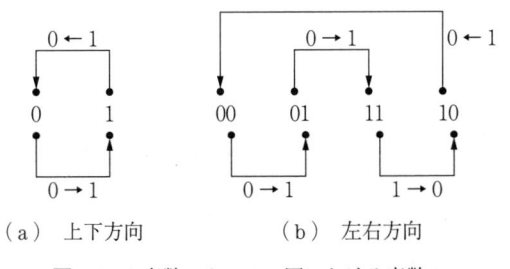

(a) 上下方向　　(b) 左右方向

図 6.2 3 変数のカルノー図における変数の値の入れ替わり

カルノー図では，論理関数の加法標準形の各最小項に対応するマス目に 1 を記入し，その論理関数を表現する。**図 6.3** に，例題 6.1 の論理関数：

$$Y = \overline{A}\overline{B}\overline{C} + A\overline{B}\overline{C} + A\overline{B}C + \overline{A}BC + ABC$$

に対応するカルノー図を示す。この関数の最小項 $\overline{A}B\overline{C}$ は入力 $A=0, B=1, C=0$ のとき 1 と

AB\C	00	01	11	10
0		① 1	② 1	③ 1
1		④ 1	⑤ 1	

図 6.3 論理関数 Y に対応するカルノー図

なるので，これで指定されるマス目①に1を記入して表現される。また最小項 $AB\overline{C}$ は入力 $A=1, B=1, C=0$ のとき1となるので，これで指定されるマス目②に1を記入して表現される。以下同様にして，最小項 $\overline{A}B\overline{C}, \overline{A}BC, ABC$ がおのおのマス目③，④，⑤に1を記入して表現される。こうして該当するすべてのマス目に1を記入することで，論理関数が表現される。

6.2 簡単化の原理と手順

ここで以下の論理関数について考える：

$$Y' = AB\overline{C} + A\overline{B}\overline{C}$$

この論理関数は，例題6.1の論理関数を構成する五つの最小項から二つを選び，その論理和をとったものである。この論理関数に対応するカルノー図を**図 6.4**に示す。図中の丸付き数字は図6.3と同じ最小項を指している。図では最小項 $AB\overline{C}$ および $A\overline{B}\overline{C}$ が隣り合う。ここで最小項 $AB\overline{C}$ が1となる条件は $A=1, B=1, C=0$ であり，$A\overline{B}\overline{C}$ が1となる条件は $A=1, B=0, C=0$ である。これらの条件で $A=1, C=0$ は共通であり，二つの条件を合わせればとり得る B の値（0と1）を尽くしてしまう。したがって，二つの最小項の論理和 $AB\overline{C} + A\overline{B}\overline{C}$ が1となる条件は $A=1, C=0, B$ は任意（0でも1でもよい）となる。この条件を満たす論理式は $Y' = A\overline{C}$ である。このことは，以下の式変形で証明できる：

$$Y' = AB\overline{C} + A\overline{B}\overline{C} = A\overline{C}(B + \overline{B}) = A\overline{C} \cdot 1 = A\overline{C} \quad (\text{ブール代数の性質 } B + \overline{B} = 1 \text{ より})$$

AB\C	00	01	11	10
0			② 1	③ 1
1				

② $AB\overline{C}$ （$A=1, B=1, C=0$ のとき1）
③ $A\overline{B}\overline{C}$ （$A=1, B=0, C=0$ のとき1）
$A=1, C=0, B$ は任意（0でも1でもよい）
→ $Y' = A\overline{C}$

図 6.4 論理関数 Y' に対応するカルノー図

こうして加法標準形で与えられた論理関数を，より簡単な論理式で表すことができた。カルノー図を用いれば，この手続きをつぎのような言葉で表現できる：

隣り合う二つのマス目がともに値1をとるならば，各マス目を指定する入力変数から一つの変数を取り除き，その二つのマス目を一つの固まりとみなすことができる。

この一つの固まりとみなすことを「ループでくくる」と呼ぶ。カルノー図では，隣り合うマス目で一つの変数の0と1が入れ替わるので，この手続きが必ず有効である。なおこのとき，カルノー図の左端と右端，上端と下端が隣り合うとみなせることに注意する。

この論理関数 $Y'=AB\overline{C}+A\overline{B}\overline{C}$ では，最小項 $AB\overline{C}$ および $A\overline{B}\overline{C}$ が一つのループでくくられる。このループ内では $A=1, C=0, B$ は任意となることから，このループに対応した論理式は $A\overline{C}$ であることがわかる。これがカルノー図を用いた論理関数の簡単化の原理である。

つぎに，以下の論理関数を考えよう：

$$Y''=\overline{A}B\overline{C}+AB\overline{C}+\overline{A}BC+ABC$$

この論理関数は，例題6.1の論理関数を構成する五つの最小項から四つを選び，その論理和をとったものである。この論理関数に対応するカルノー図を図6.5に示す。図では，これら四つの最小項が隣り合う。上記の簡単化の原理を繰り返し適用すれば，これら四つの最小項が一つのループでくくられる。このループ内では $B=1$ で A, C は任意となることから，このループに対応した論理式は $Y''=B$ であることがわかる。また以上の Y', Y'' の例からわかるように，隣り合う 2^N 個のマス目は一つのループでくくることができる。隣り合うマス目の数が 2^N 個でない場合（例：縦2個ずつ，横3個ずつで合計6個）は一つのループでくく

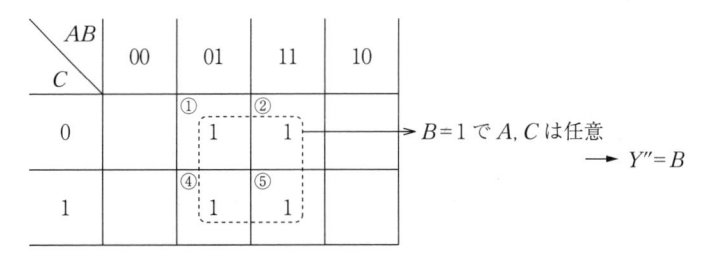

図6.5 論理関数 Y'' に対応するカルノー図

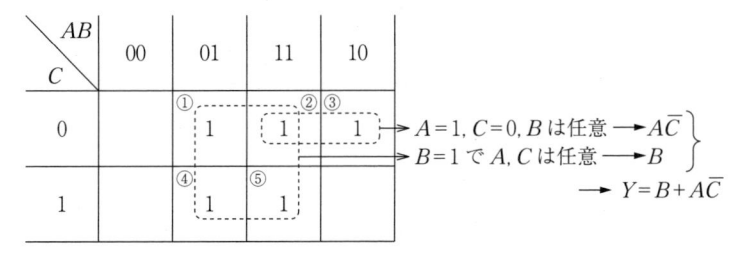

図6.6 論理関数 Y の簡単化

ることができない。

ここまでの議論に基づいて，論理関数の簡単化の実際の手順がつぎのようにまとめられる：

（1） 加法標準形の各最小項に対応するマス目に1を記入する。
（2） そのマス目のうち，隣り合う2^N個ずつを一つのループでくくる。この際，ループの大きさをできるだけ大きく，ループの個数をできるだけ少なくする。複数のループが部分的に重なってもよい。これはブール代数の性質：$X+X=X$によるものである。
（3） 各ループ内の論理関数を表す論理式を見つける。
（4） 得られたすべての論理式の論理和をとる。

この手順の適用による例題6.1の論理関数の簡単化を**図6.6**に示す。図のように2個のマス目からなるループ一つと四つのマス目からなるループ一つができ，②のマス目で重なる。前者のループ内の論理関数は先のY'と，後者のループ内の論理関数はY''と同じである。それらを表す論理式を前述の考え方で見つけ，得られた論理式の論理和をとれば次式が得られる：

$$Y = B + A\overline{C}$$

この手順は，与えられた論理関数に含まれる変数の数が3以外の場合にも有効である。**図6.7**に，2変数の場合と4変数の場合のカルノー図を示す。3変数の場合の上下方向と同じ入れ替わりが，2変数の場合の上下・左右方向にある。また，その場合の左右方向と同じ入れ替わりが，4変数の場合の上下・左右方向にある。

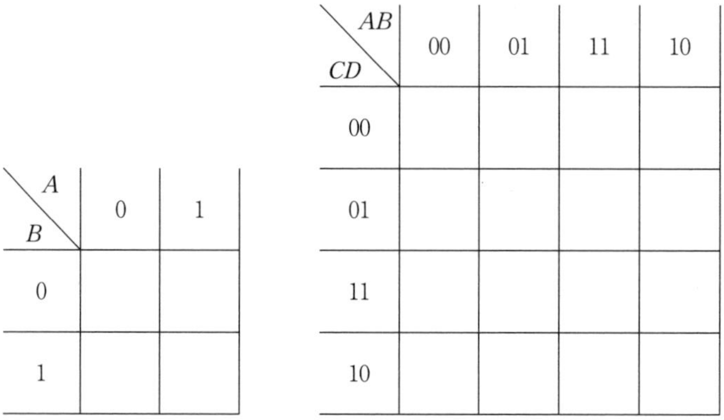

（a） 2変数

A\B	0	1
0		
1		

（b） 4変数

CD\AB	00	01	11	10
00				
01				
11				
10				

図6.7 3変数以外のカルノー図の例

以下に，カルノー図を用いた論理関数の簡単化の例を示す。

〈例1〉 論理関数 $Z=\overline{A}B\overline{C}+AB\overline{C}+\overline{A}BC$ を簡単化せよ。
　　　　　　　　　　　　　　① 　　　②　　　③

（解答）　図 6.8 に示す。

AB\C	00	01	11	10
0		① 1	② 1	
1		③ 1		

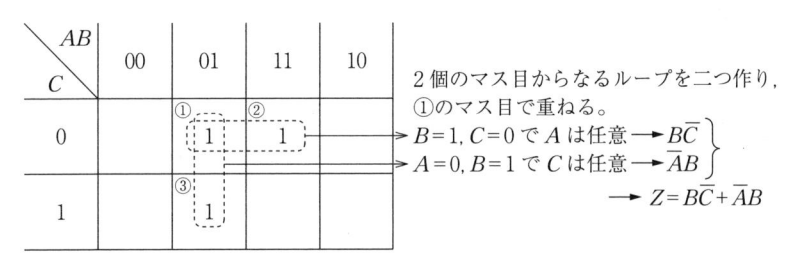

2個のマス目からなるループを二つ作り，①のマス目で重ねる。
→ $B=1, C=0$ で A は任意 → $B\overline{C}$
→ $A=0, B=1$ で C は任意 → $\overline{A}B$
→ $Z=B\overline{C}+\overline{A}B$

図 6.8 論理関数の簡単化（例1）

〈例2〉 論理関数 $Z=\overline{A}B\overline{C}\overline{D}+\overline{A}B\overline{C}D+\overline{A}BCD+\overline{A}BC\overline{D}+ABC\overline{D}$ を簡単化せよ。
　　　　　　　　　　　　　　① 　　　　　② 　　　　　③ 　　　　④ 　　　　⑤

（解答）　図 6.9 に示す。

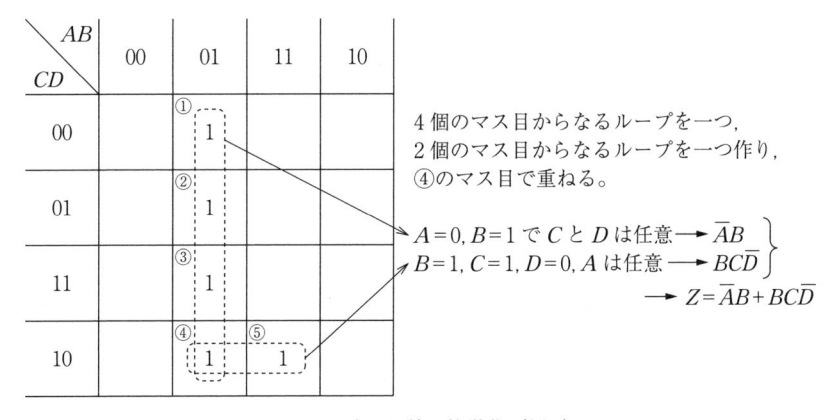

AB\CD	00	01	11	10
00		① 1		
01		② 1		
11		③ 1		
10		④ 1	⑤ 1	

4個のマス目からなるループを一つ，2個のマス目からなるループを一つ作り，④のマス目で重ねる。
→ $A=0, B=1$ で C と D は任意 → $\overline{A}B$
→ $B=1, C=1, D=0, A$ は任意 → $BC\overline{D}$
→ $Z=\overline{A}B+BC\overline{D}$

図 6.9 論理関数の簡単化（例2）

〈例 3〉 論理関数 $Z = \overline{A}\overline{B}\overline{C}\overline{D} + A\overline{B}\overline{C}\overline{D} + \overline{A}B\overline{C}\overline{D} + AB\overline{C}\overline{D} + \overline{A}BC\overline{D} + ABC\overline{D} + \overline{A}\overline{B}C\overline{D}$
① ② ③ ④ ⑤ ⑥ ⑦

$+ AB\overline{C}D + \overline{A}\overline{B}CD + A\overline{B}CD$ を簡単化せよ。
⑧ ⑨ ⑩

(解答) 図 6.10 に示す。

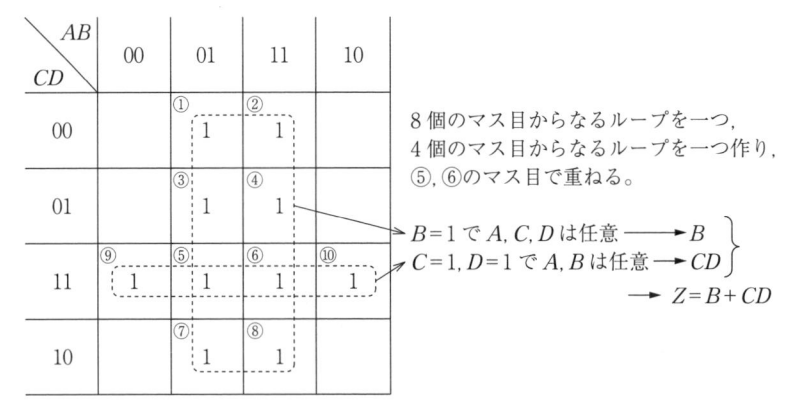

AB\CD	00	01	11	10
00		① 1	② 1	
01		③ 1	④ 1	
11	⑨ 1	⑤ 1	⑥ 1	⑩ 1
10		⑦ 1	⑧ 1	

8 個のマス目からなるループを一つ，
4 個のマス目からなるループを一つ作り，
⑤，⑥のマス目で重ねる。

$B = 1$ で A, C, D は任意 → B
$C = 1, D = 1$ で A, B は任意 → CD
→ $Z = B + CD$

図 6.10 論理関数の簡単化 (例 3)

演習問題

【1】 カルノー図を用いて以下の論理関数を簡単化せよ。
(1) $Z = \overline{A}BC + A\overline{B}C + AB\overline{C} + ABC$
(2) $Z = \overline{A}\overline{B}\overline{C} + A\overline{B}\overline{C} + \overline{A}B\overline{C} + \overline{A}BC + ABC + A\overline{B}C$
(3) $Z = \overline{A}\overline{B}C + A\overline{B}\overline{C} + \overline{A}B\overline{C} + \overline{A}BC + ABC + A\overline{B}C$

【2】 カルノー図を用いて以下の論理関数を簡単化せよ。
(1) $Z = AB\overline{C}\overline{D} + AB\overline{C}D + \overline{A}BCD + ABCD$
(2) $Z = \overline{A}\overline{B}\overline{C}D + \overline{A}B\overline{C}D + \overline{A}BCD + \overline{A}\overline{B}CD + \overline{A}BC\overline{D}$
(3) $Z = A\overline{B}\overline{C}\overline{D} + \overline{A}\overline{B}\overline{C}D + \overline{A}\overline{B}\overline{C}\overline{D} + \overline{A}B\overline{C}\overline{D} + \overline{A}BCD + A\overline{B}CD + ABC\overline{D} + \overline{A}BC\overline{D}$

7. クワイン・マクラスキー法による論理関数の簡単化

本章ではクワイン・マクラスキー法について説明する。この方法は前章の方法と同様，論理関数の標準形を簡単化するために用いられるが，より体系的で変数の数が多い場合にも適用でき，計算機処理に適している。

7.1 クワイン・マクラスキー法について

クワイン・マクラスキー法（Quine-McCluskey method）はカルノー図を用いた方法と同様，論理関数を簡単化する方法である。この方法はカルノー図を用いた方法と異なり，論理関数の表現に表を用いる。カルノー図を用いた方法は直感的に理解しやすいが計算機処理に向かず，現実的には変数の数が5までの問題しか扱えない。一方，クワイン・マクラスキー法はより体系的で計算機処理に適し，変数の数が10程度の問題も十分扱える。ここではつぎの例題を通して，この方法を説明する。

例題 7.1 以下の加法標準形で与えられる論理関数を，クワイン・マクラスキー法を用いて簡単化せよ：

$$Y = \overline{A}BCD + \overline{A}B\overline{C}D + \overline{A}\overline{B}CD + \overline{A}BC\overline{D} + \overline{A}\overline{B}C\overline{D} + AB\overline{C}\overline{D}$$

結論を先に述べれば，この論理関数は以下のように簡単化される：

$$Y = \overline{A}C + B\overline{C}\overline{D}$$

この方法は「すべての主項の導出」と「利用する主項の選択」の2段階で構成される。以下で各段階について説明する。

Ⅰ．すべての主項の導出

ここでは与えられた論理関数から，最終的に得られる論理式を構成する項の候補をすべて見つける。上記の論理関数からは，この候補として以下の項が見つかる：

$$\overline{A}C, \quad \overline{A}B\overline{D}, \quad B\overline{C}\overline{D}$$

その導出過程を以下に説明する。

（1）加法標準形から初期表を作る（**表7.1**参照）。各行は簡単化される前のYの式を構成する最小項に対応し，その順番に並んでいる。各行の（$A\ B\ C\ D$）の欄には，その

7. クワイン・マクラスキー法による論理関数の簡単化

表7.1 例題7.1の初期表

A	B	C	D	10進
0	0	1	1	3
0	0	1	0	2
0	1	0	0	4
0	1	1	1	7
0	1	1	0	6
1	1	0	0	12

最小項を1にする値の組合せを書き込む。変数が肯定されている（そのままの）場合は1を，否定されている場合は0を記入する。また各行の（$ABCD$）の0と1の並びを2進数とみなし，これを10進数に変換した値を各最小項のラベルとして，その行の「10進」の欄に書き込む。

(2) **表7.2**に示す圧縮表の列aを作成する。初期表の各行に含まれる1の個数でグループ分けを行い，その個数が少ない順にグループごとに並べる。「10進」の欄には，初期表で求めた各最小項のラベルを記入する。

表7.2 例題7.1の圧縮表

		a					b						c			
	A	B	C	D	10進		A	B	C	D	10進		A	B	C	D	10進	
1の個数1	0	0	1	0	2	×	0	0	1	*	2,3	×	0	*	1	*	2,3,6,7	○
	0	1	0	0	4	×	0	*	1	0	2,6	×	0	*	1	*	2,6,3,7	○
1の個数2	0	0	1	1	3	×	0	1	*	0	4,6	○						
	0	1	1	0	6	×	*	1	0	0	4,12	○						
	1	1	0	0	12	×	0	*	1	1	3,7	×						
1の個数3	0	1	1	1	7	×	0	1	1	*	6,7	×						

(3) 表7.2の列bを作成する。列aの隣り合うグループの中で，一つの変数の0と1が入れ替わる行の組合せを見つける。この組合せで0と1が入れ替わる変数の欄には＊印を，それ以外の変数の欄には基にした行と同じ値を列bに記入する。＊印は，その変数の値が0でも1でもよいことを意味する。この操作は，6章のカルノー図を用いた方法で説明した「ループでくくる」ことに相当する。またこの操作の際，同じ行を何度使ってもよい。「10進」の欄には，その組合せに対応する最小項のラベルを記入する。また列aで，このラベルが指定する行の右端に×印を記入する。×印は，その行の0と1の並びで指定される項が，最終的に得られる論理式を構成する項の候補にならないことを意味する。こうしてすべての隣り合うグループの中で，該当する行の組合せを見つけて上記の操作を行う。

表7.2ではまず列aで該当する組合せとして，1の個数1のグループの10進数2と，1の個数2のグループの10進数3が見つかる（**図7.1**参照）。10進数2では（A

```
┌─列a─────────────────── A B C D ┐      ┌─列b────────────────── A B C D ┐
│ 1の個数1の10進数2： 0 0 1 [0] ┐│      │ 1の個数1の10進数2,3： 0 0 1 [*]│
│ 1の個数2の10進数3： 0 0 1 [1] ┘│ ──→  │                                │
└────────────────────────────────┘      └────────────────────────────────┘
```

図7.1 a列からの論理式の圧縮

$BCD)=(0\ 0\ 1\ 0)$,10進数3では$(A\ B\ C\ D)=(0\ 0\ 1\ 1)$なので，両者の$A$, B, Cでは値が共通となりDでは0と1が入れ替わる．したがって列bの1行目の$(A\ B\ C\ D)$の欄に$(0\ 0\ 1\ *)$と記入し，「10進」の欄に2, 3と書き込む．この操作は6章と同様，以下の計算と等価である：

$$\overline{A}\overline{B}C\overline{D}+\overline{A}\overline{B}CD=\overline{A}\overline{B}C(D+\overline{D})=\overline{A}\overline{B}C\cdot 1=\overline{A}\overline{B}C \quad (\overline{D}+D=1 \text{より})$$

$(0\ 0\ 1\ *)$であるから1の個数は1である．同様にして，列aから該当するすべての組合せを見つけてb列に記入する．列aで使用された行の右端に×印を記入する．

(4) 表7.2の列cを作成する．手順（3）と同様に列bの隣り合うグループの中で，一つの変数の0と1が入れ替わる行の組合せを見つける．この組合せで0と1が入れ替わる変数の欄には*印を，それ以外の変数の欄には基にした行と同じ値を列bに記入する．この組合せを作る際には，*印が共通の位置になければならない．「10進」の欄には，その組合せに対応する最小項のラベルを記入する．また列bで，このラベルが指定する行の右端に×印を記入する．こうしてすべての隣り合うグループの中で，該当する行の組合せを見つけて上記の操作を行う．

表7.2ではまず列bで該当する組合せとして，1の個数1のグループの10進数2,3と，1の個数2のグループの10進数6,7が見つかる（**図7.2**参照）．10進数2,3では$(A\ B\ C\ D)=(0\ 0\ 1\ *)$, 10進数6, 7では$(A\ B\ C\ D)=(0\ 1\ 1\ *)$である．両者の$A, C, D$では値および印が共通となり，$B$では0と1が入れ替わる．したがって列cの1行目の$(A\ B\ C\ D)$の欄に$(0\ *\ 1\ *)$と記入し，「10進」の欄に2,3,6,7と書き込む．この操作は以下の計算と等価である：

$$\overline{A}\overline{B}C+\overline{A}BC=\overline{A}C(\overline{B}+B)=\overline{A}C\cdot 1=\overline{A}C \quad (\therefore\ \overline{B}+B=1)$$

$(0\ *\ 1\ *)$であるから1の個数は1である．同様にして，列bから該当するすべての組合せを見つけて列cに記入する．列bで使用された行の右端に×印を記入する．

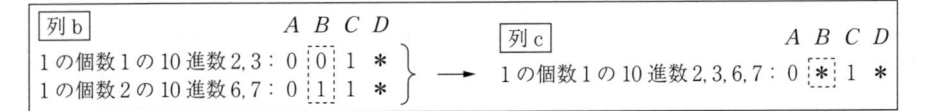

```
┌─列b──────────────────── A B C D ┐     ┌─列c──────────────────── A B C D ┐
│ 1の個数1の10進数2,3： 0 [0] 1 * ┐│     │ 1の個数1の10進数2,3,6,7： 0 [*] 1 *│
│ 1の個数2の10進数6,7： 0 [1] 1 * ┘│ ──→ │                                  │
└──────────────────────────────────┘     └──────────────────────────────────┘
```

図7.2 b列からの論理式の圧縮

(5) 変化がなくなるまで新たな列を作成する．その後すべての列で，×印が記入されていない行に〇印を記入する．〇印は，その行の0と1の並びで指定される項が，最終的に得られる論理式を構成する項の候補になることを意味する．この行の0と1の並びが**主項**（prime implicant）を表す．主項とは，それ以上簡単化できない項である．

　表7.2では列c以降，新たな列を作成しても変化がなくなるので，すべての主項を導出する手順をここで終了する．ここまで列cの10進数2,3,6,7と2,6,3,7，および列bの10進数4,6と4,12には×印が記入されていないので，これらの行の右端に〇印を記入する．〇印の付いた行で指定される項が主項である．10進数2,3,6,7と2,6,3,7では$(A\ B\ C\ D)=(0\ *\ 1\ *)$であり，対応する論理式は$\overline{A}C$である．同様に10進数4, 6の$(A\ B\ C\ D)=(0\ 1\ *\ 0)$に対応する論理式は$\overline{A}B\overline{D}$，10進数4, 12の$(A\ B\ C\ D)=(*\ 1\ 0\ 0)$に対応する論理式は$B\overline{C}\overline{D}$である．

II. 利用する主項の選択

ここではIで見つけられた項の候補から適切なものを選び出し，最終的に得られる論理式を構成する．例題7.1では項の候補

$$\overline{A}C,\ \overline{A}B\overline{D},\ B\overline{C}\overline{D}$$

から適切なものが選択され，以下の論理式が導かれる：

$$Y=\overline{A}C+B\overline{C}\overline{D}$$

その導出過程を以下に説明する．

(1) 表7.3のような主項表を作成する．この表は主項と最小項の包含関係を表す．各行の左端にはIで求められた主項を，各列の上端には各最小項のラベルを書き込む．主項は変数の数によって分類し，変数の数が少ないグループから順に並べる．また，主項とその主項を得るために用いられた最小項の組合せで指定される欄に〇印を記入する．主項表のi行j列に〇印があることは，行iの主項が列jの最小項を含むことを意味する．この表のi行j列に〇印があるとき，行iが列jを**被覆する**（cover）という．

　表7.3の各行は，表7.2から見つけられた各主項に対応する．また，この表の各列は，表7.2列aの「10進」に示された各最小項のラベルに対応する．主項$\overline{A}C$を作

表7.3 例題7.1の主項表

	2	4	3	6	12	7
$\overline{A}C$	〇		〇	〇		〇
$\overline{A}B\overline{D}$		〇		〇		
$B\overline{C}\overline{D}$		〇			〇	

表7.4 例題7.1の必須主項の特定

	2	4	3	6	12	7	
$\overline{A}C$	〇		〇	〇		〇	e
$\overline{A}B\overline{D}$		〇		〇			
$B\overline{C}\overline{D}$		〇			〇		e
		d	d	d	d		

るのに用いられた最小項のラベルは列 c から 2, 3, 6, 7 である。同様に主項 $\overline{ABD}$, $B\overline{CD}$ を作るのに用いられた最小項のラベルは列 b からそれぞれ 4, 6 と 4, 12 である。これらに基づき，主項表の該当する欄に○印を記入する。

（2）主項表において○印をただ一つ持つ列を**特異列**（distinguished column）といい，特異列に○印を含む行を**必須行**（essential row）という。主項表の特異列に記号 d を，必須行に記号 e を記す（**表 7.4** 参照）。必須行に対応する主項を**必須主項**（essential prime implicant）と呼ぶ。必須主項は，与えられた論理関数を表すのに欠かせない項である。必須行の論理和がすべての列を被覆すれば，与えられた論理関数の簡単化が完了する。

表 7.4 の主項表では列 2，列 3，列 12，列 7 がおのおの一つだけ○印を持つ。これらの列は特異列であり，行 $\overline{AC}$ と行 $B\overline{CD}$ は必須行である。したがって $\overline{AC}$ および $B\overline{CD}$ が必須主項である。これらの論理和がすべての最小項を含むので，与えられた関数はつぎのように簡単化される：

$$Y = \overline{AC} + B\overline{CD}$$

例題 7.1 では主項表から必須主項がただちに特定され，それらの論理和がすべての最小項を含んだ。これは「非常に運のよい場合」であり，以上の手順のみでは論理関数の簡単化が完了しない場合がしばしば発生する。それはどのような場合なのか。またどのようにすればそのような場合を解決できるのか。7.2 節ではそれを説明する。

7.2　利用する主項の選択方法の改善

7.1 節で説明した利用する主項の選択方法は非常に簡便であるが，この方法のみでは論理関数の簡単化が完了しない場合がしばしば発生する。それは「この方法で導かれた必須行の論理和が，主項表のすべての列を被覆しない」場合である。その具体例と主項の選択方法の改善を，つぎの例題を通して説明する。

例題 7.2　　以下の加法標準形で与えられる論理関数を，クワイン・マクラスキー法を用いて簡単化せよ：

$$Y = \overline{ABCD} + \overline{AB}C\overline{D} + \overline{A}BC\overline{D} + \overline{A}BCD + A\overline{BCD} + A\overline{B}C\overline{D} + AB\overline{CD} + ABCD$$

結論を先に述べれば，この論理関数は以下のように簡単化される：

$$Y = \overline{AB}D + ABD + \overline{A}C\overline{D} + B\overline{CD}$$

まず，与えられた加法標準形からのすべての主項の導出は，7.1 節の I で説明した手順の適用により問題なく完了する。例題 7.2 の圧縮表を**表 7.5** に示す。この表の作成を通して七

表7.5 例題7.2の圧縮表

		a						b			
A	B	C	D	10進		A	B	C	D	10進	
0	0	0	1	1	×	0	0	*	1	1,3	○
0	0	1	0	2	×	0	0	1	*	2,3	○
0	1	0	0	4	×	0	*	1	0	2,6	○
0	0	1	1	3	×	0	1	*	0	4,6	○
0	1	1	0	6	×	*	1	0	0	4,12	○
1	1	0	0	12	×	1	1	0	*	12,13	○
1	1	0	1	13	×	1	1	*	1	13,15	○
1	1	1	1	15	×						

つの主項 $\overline{A}\overline{B}D$, $\overline{A}\overline{B}C$, $\overline{A}C\overline{D}$, $\overline{A}B\overline{D}$, $BC\overline{D}$, $AB\overline{C}$, ABD が導出される。

以上に基づき，7.1節のIIと同様の手順で作成された例題7.2の主項表を**表7.6**に示す。記号dと記号eは7.1節と同じくおのおの特異列と必須行を表す。記号cは後ほど説明される。この表では列1，列15が特異列，行 $\overline{A}\overline{B}D$，行 ABD が必須行となる。行 $\overline{A}\overline{B}D$, ABD は列1，列3，列13，列15を被覆するが，他の列を被覆しない。したがって7.1節のIIの手順で特定される必須行（の論理和）は主項表のすべての列を被覆しない。結果として列1，列3，列13，列15以外を被覆する行の組

表7.6 例題7.2の主項表

	1	2	4	3	6	12	13	15	
$\overline{A}\overline{B}D$	○			○					e
$\overline{A}\overline{B}C$		○		○					
$\overline{A}C\overline{D}$		○			○				
$\overline{A}B\overline{D}$			○		○				
$BC\overline{D}$					○	○			
$AB\overline{C}$						○	○		
ABD							○	○	e
	d		c			c		d	

合せを，この主項表から別の方法で見つけ出さなければならない。このような場合，7.1節で説明した一連の手順に続けて以下の手順を実行することで，利用する主項を新たに選ぶことができる。

（1）必須行の除去

主項表により特定された必須主項を，解となる主項の集合に加える。必須行に被覆される列に記号cを記す。必須行とその行に被覆されるすべての列は今後の手続きの対象から外せるので，主項表からこれらを除去する。

表7.6の主項表において，列1は行 $\overline{A}\overline{B}D$ のみに○印を持つ特異列であり，行 $\overline{A}\overline{B}D$ は必須行である。また列15は行 ABD のみに○印を持つ特異列であり，行 ABD は必須行である。したがって，必須主項 $\overline{A}\overline{B}D$ および ABD を解となる主項の集合に加える。特異列1と特異列15，必須行 $\overline{A}\overline{B}D$ と必須行 ABD，必須行 $\overline{A}\overline{B}D$ に被覆される列3，必須行 ABD に被覆される列13を除去して得られる表を**表7.7**に示す。

表7.7 例題7.2の簡約化主項表1

	2	4	6	12	
$\overline{A}\overline{B}C$	○				←┐
$\overline{A}C\overline{D}$	○		○		支配する
$\overline{A}B\overline{D}$		○	○		
$BC\overline{D}$			○	○	←┐
$AB\overline{C}$				○	支配する

（2）支配される行の選択と除去

主項表において行 p が○印を持つすべての列に行 q も○印を持つとき，行 p が行 q に支

配される，あるいは行qが行pを**支配する**（dominate）という（**表7.8**（a）参照）。手順（1）で得られた簡約化主項表において，行pが行qに支配され，かつ行pの主項の変数の数が行qの主項の変数の数に等しいかそれより多いとき，行pを除去する。これは主項としてのpの役割がqに含まれてしまい，pを考慮する必要がないためである。

表7.8 行や列の支配

(a) 行pは行qに支配される（行qは行pを支配する）。

(b) 列rは列sに支配される（列sは列rを支配する）。

表7.7の簡約化主項表1において，行$\overline{A}BC$は列2に○印を持ち，行$\overline{A}C\overline{D}$は列2と列6に○印を持つ。行$\overline{A}BC$は行$\overline{A}C\overline{D}$に支配されるので，支配される行$\overline{A}BC$を除去する。同様に行$AB\overline{C}$は行$B\overline{C}\overline{D}$に支配されるので，支配される行$AB\overline{C}$を除去する。これらの除去を実行して得られる表を**表7.9**に示す。

表7.9 例題7.2の簡約化主項表2

支配する	2	4	6	12
$\overline{A}C\overline{D}$	○		○	
$\overline{A}B\overline{D}$		○	○	
$B\overline{C}\overline{D}$		○		○

支配する

表7.10 例題7.2の簡約化主項表3

	2	12	
$\overline{A}C\overline{D}$	○		se
$B\overline{C}\overline{D}$		○	se
	sd	sd	

(3) 支配する列の選択と除去

主項表において列rが○印を持つすべての行に列sも○印を持つとき，列rは列sに支配される，あるいは列sは列rを支配するという（表7.8（b）参照）。手順（1）で得られた簡約化主項表（表7.7）において列sが列rを支配するとき，列sを除去する。これは，列sを被覆する行は必ず列rを被覆するが，その逆は成り立たないためである。

表7.9の簡約化主項表2において，列4は行$\overline{A}B\overline{D}$と行$B\overline{C}\overline{D}$に○印を持ち，列12は行$B\overline{C}\overline{D}$に○印を持つ。列4は列12を支配するので，支配する列4を除去する。同様に列6は列2を支配するので，支配する列6を除去する。これらの除去を実行して得られる表を**表7.10**に示す。

(4) 二次必須行の選択と除去

手順（3）で得られた簡約化主項表（表7.10）において，○印をただ一つ持つ列を**二次**

特異列（secondary distinguished column）といい，二次特異列に○印を含む行を**二次必須行**（secondary essential row）という。この行に対応する主項を**二次必須主項**（secondary essential prime implicant）と呼ぶ。二次必須主項を，解となる主項の集合に加える。二次必須行とその行に被覆されるすべての列は，今後の手続きの対象から外せるのでこれらを除去する。

本書では二次特異列を記号 sd，二次必須行を記号 se で表す。表 7.10 の簡約化主項表 3 において，列 2 は行 $\overline{A}C\overline{D}$ のみに，列 12 は行 $B\overline{C}D$ のみに○印を持つ二次特異列である。行 $\overline{A}C\overline{D}$ と行 $B\overline{C}D$ は二次必須行であるので，二次必須主項 $\overline{A}C\overline{D}$ と $B\overline{C}D$ を解となる主項の集合に加える。この表において，これらの二次必須行に被覆される列はほかにない。二次特異列 2 と 12，二次必須行 $\overline{A}C\overline{D}$ と $B\overline{C}D$ を除去すれば，すべての行と列の除去が完了する。例題 7.2 における簡約化の手順はこれで終了するが，一般には得られる表に変化がなくなるまで手順（2）〜（4）を繰り返す。

以上の手順を通して主項 $\overline{A}\overline{B}D$, ABD, $\overline{A}C\overline{D}$, $B\overline{C}D$ が選ばれた。表 7.6 の主項表から，これらに対応する必須行の論理和がすべての列を被覆する。以上より，与えられた関数は以下のように簡単化される：

$$Y = \overline{A}\overline{B}D + ABD + \overline{A}C\overline{D} + B\overline{C}D$$

演習問題

【1】 クワイン・マクラスキー法により以下の論理関数を簡単化せよ。なお，これらの問題を解くにあたっては，7.1 節で説明した手順のみでよい。

(1) $Z = \overline{A}\overline{B}\overline{C}\overline{D} + \overline{A}\overline{B}C\overline{D} + \overline{A}B\overline{C}D + \overline{A}BCD + A\overline{B}CD + ABCD$

(2) $Z = \overline{A}\overline{B}\overline{C}D + \overline{A}\overline{B}C\overline{D} + \overline{A}B\overline{C}D + \overline{A}BC\overline{D} + A\overline{B}C\overline{D} + A\overline{B}CD + AB\overline{C}D$

(3) $Z = \overline{A}\overline{B}\overline{C}\overline{D} + \overline{A}\overline{B}\overline{C}D + \overline{A}\overline{B}C\overline{D} + \overline{A}B\overline{C}\overline{D} + \overline{A}B\overline{C}D + \overline{A}BC\overline{D} + A\overline{B}\overline{C}D + A\overline{B}CD$

【2】 クワイン・マクラスキー法により以下の論理関数を簡単化せよ。なお，これらの問題を解くにあたっては，7.1 節で説明した手順に加えて 7.2 節で説明した手順も必要となる。

(1) $Z = \overline{A}\overline{B}\overline{C}\overline{D} + \overline{A}\overline{B}C\overline{D} + \overline{A}\overline{B}CD + \overline{A}BC\overline{D} + \overline{A}BCD + A\overline{B}CD + AB\overline{C}D + ABCD$

(2) $Z = \overline{A}\overline{B}\overline{C}\overline{D} + \overline{A}\overline{B}\overline{C}D + \overline{A}\overline{B}CD + \overline{A}B\overline{C}D + \overline{A}BCD + A\overline{B}CD + AB\overline{C}D + ABCD$

(3) $Z = \overline{A}\overline{B}\overline{C}\overline{D} + \overline{A}\overline{B}\overline{C}D + \overline{A}\overline{B}C\overline{D} + \overline{A}\overline{B}CD + \overline{A}B\overline{C}\overline{D} + \overline{A}BC\overline{D} + A\overline{B}\overline{C}D + A\overline{B}CD + AB\overline{C}D + ABCD$

8. 組合せ回路の応用

現在の入力の組合せのみで出力が決まる回路を組合せ回路と呼ぶ。本章と次章では組合せ回路の代表的な応用例について述べる。本章ではエンコーダとデコーダ，マルチプレクサとデマルチプレクサを説明する。

8.1 エンコーダとデコーダ

現在の入力の組合せのみで出力が決まる回路を**組合せ回路**（combinational circuit）と呼ぶ。ここまでは，組合せ回路の構成や設計に関する事柄を説明してきた。これらの代表的な応用例として ① エンコーダとデコーダ，② マルチプレクサとデマルチプレクサ，③ 加算器がある。① と ② については本章で，③ については次章で説明する。

エンコーダ（encoder：符号化器）は，指定された入力に対する2進数を出力する回路である。また，**デコーダ**（decoder：復号化器）は，入力された2進数に対応する出力を指定する回路である。エンコーダとデコーダの関係を**図8.1**に示す。図のとおり，両者は正反対の役割を担う。

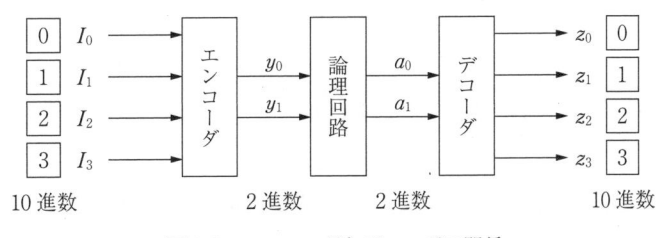

図8.1 エンコーダとデコーダの関係

エンコーダは，入力として10進数に対応付けられる2値ベクトル，出力として2進数を表す2値ベクトルを持つ。その入力変数を I_j とするとき，j 番目の入力 I_j のみを1としその他を0とすることで10進数 j が表現される。一方，デコーダは，入力として2進数を表す2値ベクトル，出力として10進数に対応付けられる2値ベクトルを持つ。その出力変数を z_k とするとき，k 番目の出力 z_k のみを1としその他を0とすることでその2進数に対応した10進数 k が表現される。図8.1のエンコーダの出力は2ビットの2進数 $y_1 y_0$ であり，その入力は $I_j (0 \leq j \leq 3 = 2^2 - 1)$ である。例えば，このエンコーダの入力 $I_2 = 1$ は10進数2を意味し，その出力は $y_1 y_0 = 10$ となる。また，図のデコーダの入力は2ビットの2進数 $a_1 a_0$ であり，その出力は $z_k (0 \leq k \leq$

$3=2^2-1$)である．例えば，このデコーダの入力$a_1a_0=10$は10進数2を意味し，その出力は$z_2=1$となる．

エンコーダ・デコーダは以下の流れに沿って設計される：

（1） 入出力の変数とその役割を確認する．

（2） その結果から，真理値表を作成する．

（3） 真理値表から，入出力関係を表す論理式を導く．

（4） 得られた論理式から実現回路を構成する．

簡単な例として図8.1に示される2ビットエンコーダ・2ビットデコーダを挙げ，設計の流れを具体的に説明しよう．

〈例1〉 2ビットエンコーダ

（1） 入力I_jのどれか一つが1であるとき，10進数jに対応した2進数y_1y_0が出力される．

（2） このエンコーダの真理値表を**表8.1**に示す．

表8.1 2ビットエンコーダの真理値表

I_3	I_2	I_1	I_0	y_1	y_0
0	0	0	1	0	0
0	0	1	0	0	1
0	1	0	0	1	0
1	0	0	0	1	1

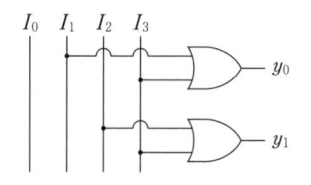

図8.2 2ビットエンコーダの実現回路

（3） この表のとおり，出力$y_0=1$となるのは入力$I_1=1$または$I_3=1$のときである．また，出力$y_1=1$となるのは入力$I_2=1$または$I_3=1$のときである．以上の入出力関係はつぎの論理式で表される：

$$y_0=I_1+I_3, \qquad y_1=I_2+I_3$$

（4） このエンコーダの実現回路を**図8.2**に示す．

〈例2〉 2ビットデコーダ

（1） 入力の2進数a_1a_0に対応する10進数をkとするとき，kで指定された出力z_kのみが1となる．

（2） このデコーダの真理値表を**表8.2**に示す．

（3） この表のとおり，出力$z_0=1$となるのは入力$a_1=0$かつ$a_0=0$のとき，出力$z_1=1$となるのは入力$a_1=0$かつ$a_0=1$のとき，出力$z_2=1$となるのは入力$a_1=1$かつ$a_0=0$のとき，出力$z_3=1$となるのは入力$a_1=1$かつ$a_0=1$のときである．以上の入出力関係はつぎの論理式で表される：

$$z_0=\overline{a_1}\cdot\overline{a_0}, \qquad z_1=\overline{a_1}\cdot a_0, \qquad z_2=a_1\cdot\overline{a_0}, \qquad z_3=a_1\cdot a_0$$

8.2 マルチプレクサとデマルチプレクサ

表 8.2 2ビットデコーダの真理値表

a_1	a_0	z_3	z_2	z_1	z_0
0	0	0	0	0	1
0	1	0	0	1	0
1	0	0	1	0	0
1	1	1	0	0	0

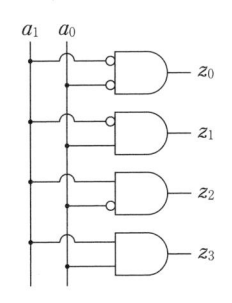

図 8.3 2ビットデコーダの実現回路

（4）このデコーダの実現回路を図8.3に示す。

3ビット以上のエンコーダ・デコーダは，上記の流れに6章・7章で説明した論理関数の簡単化を組み合わせて設計される。

8.2 マルチプレクサとデマルチプレクサ

マルチプレクサ（multiplexer）は複数の入力チャネルの中から一つを選択する回路であり，入力を切り替えるスイッチの役割を果たす。また，**デマルチプレクサ**（demultiplexer）は複数の出力チャネルの中から一つを選択する回路であり，出力を切り替えるスイッチの役割を果たす。マルチプレクサとデマルチプレクサの関係を図8.4に示す。図に示すとおり，両者は正反対の役割を担う。

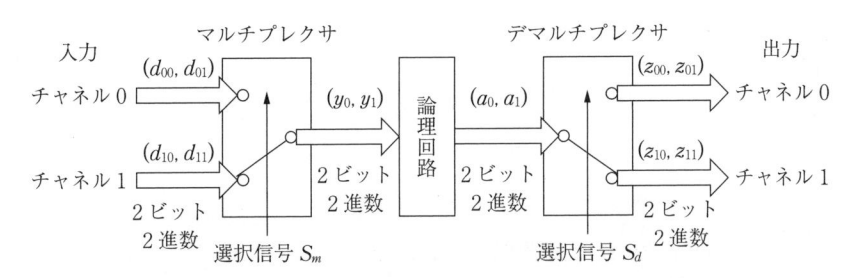

図 8.4 マルチプレクサとデマルチプレクサの関係

マルチプレクサはおのおの m ビットの入力チャネルを n 個持ち，そのうちの1個からのデータを選択信号 S_m で指定する。一方，デマルチプレクサはおのおの p ビットの出力チャネルを q 個持ち，そのうちの1個からのデータを選択信号 S_d で指定する。図8.4のマルチプレクサは2ビット2チャネルの入力を持つ。そのチャネル数が2であるため，選択信号 S_m は1ビット（$2^1=2$）でよい。例えばこのマルチプレクサで $S_m=1$ のとき，チャネル1が選択されデータ（d_{10}, d_{11}）が（y_0, y_1）に出力される。また，図8.4のデマルチプレクサは2ビット2チャネルの出力を持つ。そのチャネル数が2であるため，選択信号 S_d は1ビット

($2^1=2$) でよい。例えばこのデマルチプレクサで $S_d=1$ のとき,チャネル1が選択されデータ (a_0, a_1) が (z_{10}, z_{11}) に出力される。

マルチプレクサ・デマルチプレクサは以下の流れに沿って設計される:

(1) 入出力の変数とその役割を確認する。
(2) その結果から,真理値表を作成する。
(3) 真理値表から,入出力関係を表す論理式を導く。
(4) 得られた論理式から実現回路を構成する。

簡単な例として図8.4に示される2ビット2チャネルマルチプレクサ・2ビット2チャネルデマルチプレクサを挙げ,設計の流れを具体的に説明しよう。

〈例1〉 2ビット2チャネルマルチプレクサ

(1) 選択信号 $S_m=0$ のときチャネル0が, $S_m=1$ のときチャネル1が指定され,そこから伝送される2ビットのデータが $y_0\,y_1$ に出力される。
(2) このマルチプレクサの真理値表を**表8.3**に示す。

表8.3 2ビット2チャネルマルチプレクサの真理値表

S_m	出力	
	y_0	y_1
0	d_{00}	d_{01}
1	d_{10}	d_{11}

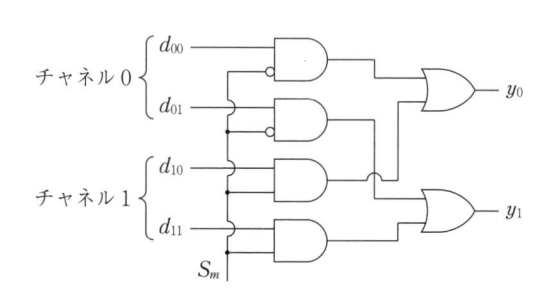

図8.5 2ビット2チャネルマルチプレクサの実現回路

(3) この表のとおり, $S_m=0$ のとき出力 $y_0=d_{00}$, $y_1=d_{01}$ であり, $S_m=1$ のとき出力 $y_0=d_{10}$, $y_1=d_{11}$ である。以上の入出力関係はつぎの論理式で表される:

$$y_0=\overline{S_m}\cdot d_{00}+S_m\cdot d_{10}, \qquad y_1=\overline{S_m}\cdot d_{01}+S_m\cdot d_{11}$$

(4) このマルチプレクサの実現回路を**図8.5**に示す。

〈例2〉 2ビット2チャネルデマルチプレクサ

(1) 選択信号 $S_d=0$ のときチャネル0が, $S_d=1$ のときチャネル1が指定され,入力 $a_0\,a_1$ から伝送されるデータがそれに出力される。
(2) このデマルチプレクサの真理値表を**表8.4**に示す。
(3) この表のとおり, $S_d=0$ のとき出力 $z_{00}=a_0$, $z_{01}=a_1$, $z_{10}=0$, $z_{11}=0$ であり, $S_d=1$ のとき出力 $z_{00}=0$, $z_{01}=0$, $z_{10}=a_0$, $z_{11}=a_1$ である。以上の入出力関係はつぎの論理式で表される:

$$z_{00}=\overline{S_d}\cdot a_0, \qquad z_{01}=\overline{S_d}\cdot a_1, \qquad z_{10}=S_d\cdot a_0, \qquad z_{11}=S_d\cdot a_1$$

表8.4 2ビット2チャネルデマルチプレクサの真理値表

S_d	チャネル0		チャネル1	
	z_{00}	z_{01}	z_{10}	z_{11}
0	a_0	a_1	0	0
1	0	0	a_0	a_1

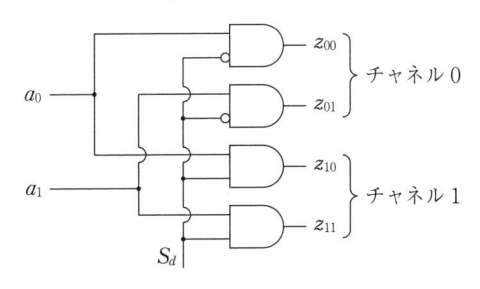

図8.6 2ビット2チャネルデマルチプレクサの実現回路

（4） このマルチプレクサの実現回路を図8.6に示す。

上記以外のビット数・チャネル数を持つマルチプレクサ・デマルチプレクサも，上記の流れで設計される。

演習問題

【1】 図8.7に示す0から7までの10進数を3ビットの2進数（000〜111）に変換するエンコーダを設計せよ。出力を $y_2 y_1 y_0$ とし，対応する入力（2^3=8種類）を I_0, I_1, I_2, …, I_7 とする。

【2】 図8.8に示す3ビットの2進数（000〜111）を0から7までの10進数に変換するデコーダを設計せよ。入力を $a_2 a_1 a_0$ とし，対応する出力（2^3=8種類）を z_0, z_1, z_2, …, z_7 とする。

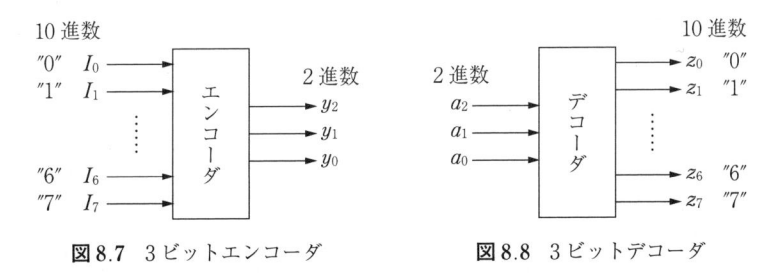

図8.7 3ビットエンコーダ

図8.8 3ビットデコーダ

【3】 図8.9に示す4チャネル2ビットマルチプレクサの回路を設計せよ。なお，選択信号（A, B）で指定される2進数とチャネル番号を一致させること。

【4】 図8.10に示す4チャネル2ビットデマルチプレクサの回路を設計せよ。なお，選択信号（A, B）で指定される2進数とチャネル番号を一致させること。

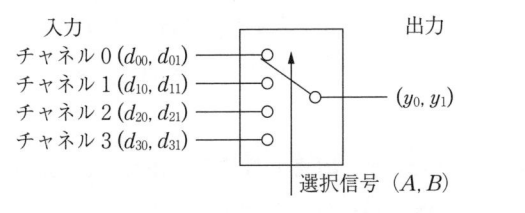

図8.9 4チャネル2ビットマルチプレクサ

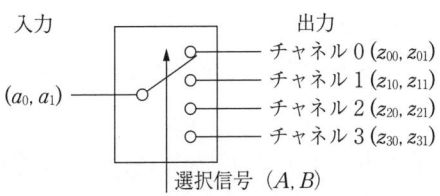

図8.10 4チャネル2ビットデマルチプレクサ

9. 加算器

組合せ回路の代表的な応用例の一つである加算器は，複数桁の2進数の加算を実現する回路であり，電子計算機の内部でその中核をなす部分である。本章ではこの加算器の構成と，それを用いた2進数の減算の実現について説明する。

9.1 加算器の構成

加算器（adder）は2進数の加算を実現する回路である。2進数の加算の例を図9.1に示す。この計算では，下2桁目から3桁目への**繰上り**（carry）が発生している。このような2進数の整数どうしの加算では，1桁目ではそれよりも下位の桁から繰上りが来ず，2桁目以上ではそれより下位の桁からの繰上りが来る可能性がある。加算器はこのような計算を実現する回路であり，その構成要素はこの繰上りの有無により，**半加算器**（half adder）と**全加算器**（full adder）に分けられる。

```
   1011        0      0      1        A
+    10      + 0    + 1    + 1      + B
   ----      ---    ---    ----     ---
   1101        0      1     10       CS
                      (a)                (b)
```

図 9.1 2進数の加算の例　　　　**図 9.2** 1桁目の加算

半加算器は図9.2に示される，1桁目の加算を実現する論理回路である。以後，図（a）のような計算をまとめて図（b）の形で表す。ここでAは加えられる数，Bは加える数，Sは和の1桁目の値，Cは2桁目への繰上りであり，いずれも0または1の値をとる。AとBを入力，CとSを出力とみなすと，この入出力関係は表9.1の真理値表にまとめられる。表9.1から，Cは$A=B=1$ならば1，それ以外ならば0である。また，SはAとBの値が一致しなければ1，一致すれば0である。したがって，CとSは以下の論理式で表される：

$$C = AB, \quad S = A \oplus B$$

これらのCとSに対応する論理回路を図9.3（a）に示す。本書では簡単のため，この論理回路をまとめて図（b）の記号で表す。この論理回路を半加算器と呼ぶ。この名称は，この

9.1 加算器の構成

表 9.1 図 9.2 からの真理値表

A	B	C	S
0	0	0	0
0	1	0	1
1	0	0	1
1	1	1	0

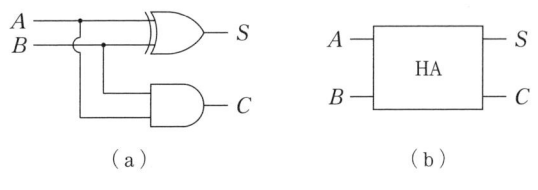

図 9.3 半加算器

回路が一般的な加算を実現する上で，各桁に要求される役割の「半分」しか果たせていないことによる。

全加算器は**図 9.4** に示される，より下位の桁からの繰上りがある加算を実現する論理回路である。以後，図 (a) のような計算をまとめて図 (b) の形で表す。ここで A は加えられる数の 2 桁目，B は加える数の 2 桁目，S は和の 2 桁目の値，C_i は 1 桁目から 2 桁目への繰上り，C_o は 2 桁目から 3 桁目への繰上りであり，いずれも 0 または 1 の値をとる。A, B, C_i を入力，C_o と S を出力とみなすと，この入出力関係は**表 9.2** の真理値表にまとめられる。表 9.2 から，以下の加法標準形が導かれる：

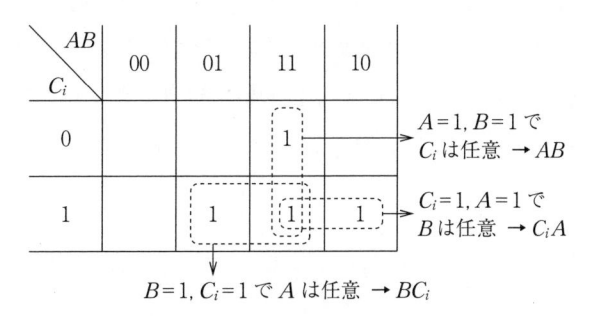

$$C_o = \overline{A}BC_i + A\overline{B}C_i + AB\overline{C_i} + ABC_i$$
$$S = \overline{A}\,\overline{B}C_i + \overline{A}B\overline{C_i} + A\overline{B}\,\overline{C_i} + ABC_i$$

これらの論理関数の簡単化について考える。C_o は**図 9.5** のカルノー図を用いて簡単化され，次式で表される：

$$C_o = AB + BC_i + C_i A$$

S は，つぎのように書き直される：

```
   (1)          (1)          (1)         (C_i)
    01           11           11           A
  + 11         + 01         + 11         + B
  ----         ----         ----         ----
   100          100          110         C_o S   ←1桁目
   (a)                                   (b)
```

図 9.4 下位の桁からの繰上りがある加算

表 9.2 図 9.4 からの真理値表

A	B	C_i	C_o	S	
0	0	0	0	0	
0	0	1	0	1	→ $\overline{A}\,\overline{B}C_i$
0	1	0	0	1	→ $\overline{A}B\overline{C_i}$
0	1	1	1	0	→ $\overline{A}BC_i$
1	0	0	0	1	→ $A\overline{B}\,\overline{C_i}$
1	0	1	1	0	→ $A\overline{B}C_i$
1	1	0	1	0	→ $AB\overline{C_i}$
1	1	1	1	1	→ ABC_i

AB \ C_i	00	01	11	10
0			1	
1		1	1	1

$A=1, B=1$ で C_i は任意 → AB
$C_i=1, A=1$ で B は任意 → $C_i A$
$B=1, C_i=1$ で A は任意 → BC_i

図 9.5 C_o に対応するカルノー図

$$S = \overline{A}\overline{B}\overline{C_i} + A\overline{B}\overline{C_i} + \overline{A}\overline{B}C_i + ABC_i = (\overline{A}B + A\overline{B})\overline{C_i} + (\overline{A}\overline{B} + AB)C_i$$

ここで $\overline{A}B + A\overline{B}$ と $\overline{A}\overline{B} + AB$ の真理値表を**表**9.3に示す．表から明らかなように，これらの論理式について以下の等式が成り立つ：

$$\overline{A}B + A\overline{B} = A \oplus B, \qquad \overline{A}\overline{B} + AB = \overline{A \oplus B}$$

この等式を用いれば，S の論理式を以下のように変形できる：

$$S = (A \oplus B)\overline{C_i} + \overline{(A \oplus B)}C_i = (A \oplus B) \oplus C_i = A \oplus B \oplus C_i$$

これらの C_o と S に対応する論理回路を**図**9.6（a）に示す．本書では簡単のため，この論理回路をまとめて図（b）の記号で表す．この論理回路を全加算器と呼ぶ．この名称は，この回路が一般的な加算を実現する上で，各桁に要求される役割の「全(すべ)て」を果たせることによる．

表9.3 真理値表

（a）$\overline{A}B + A\overline{B}$

A	B	$\overline{A}B$	$A\overline{B}$	$\overline{A}B + A\overline{B}$
0	0	0	0	0
0	1	1	0	1
1	0	0	1	1
1	1	0	0	0

EXOR：$A \oplus B$

（b）$\overline{A}\overline{B} + AB$

A	B	$\overline{A}\overline{B}$	AB	$\overline{A}\overline{B} + AB$
0	0	1	0	1
0	1	0	0	0
1	0	0	0	0
1	1	0	1	1

EXNOR：$\overline{A \oplus B}$

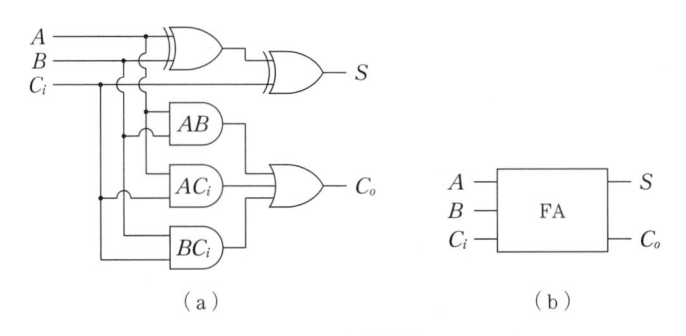

図9.6 全加算器

図9.7（a）に3ビット加算器を示す．この回路は，図（b）に示す2進数 $X = (A_2\,A_1\,A_0)$ と $Y = (B_2\,B_1\,B_0)$ の加算 $X + Y$ を実行する．この回路は二つの全加算器と一つの半加算器で構成され，半加算器は最下位の桁に相当する．またこの回路では，各桁からの繰上りがつぎつぎと上位の桁に伝搬する．こうした繰上り方式を**リップルキャリー**（ripple carry）方式という．

9.2 加算器を利用した減算

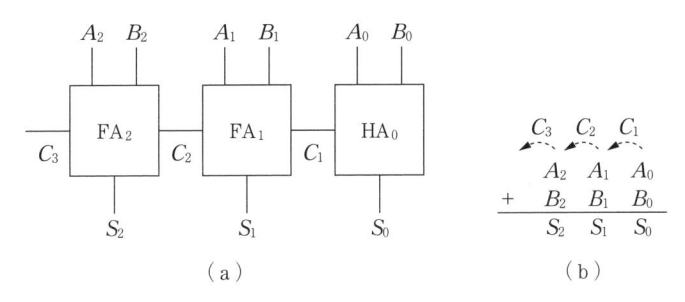

図 9.7 3ビット加算器

9.2 加算器を利用した減算

2進数の減算の例として，以下の計算を考える：

$$1101 - 10 = 1011$$

この計算は $1101 + (-10) = 1011$ と考えることができる．つまり負の数を表現できれば，減算を「負の数の加算」としてとらえて前節の加算器を利用できる．論理回路では負の数を **2の補数**（two's complement）により表現する．2の補数とは，与えられた2進数との和をとると桁が一つ増え，和の最上位の桁が1でそれ以外の桁が0となる数である．与えられた2進数の2の補数は，以下の手順で得られる：

① その2進数の最上位の桁に，中身が0の桁を追加する．
② 各桁の0と1を入れ替える．
③ 最下位の桁に1を加える．

こうして生成される2の補数では，①で追加された桁が必ず1となる．したがってこの桁の中身が1であれば，その数は2の補数であり負の数を表している．例えば $110 = (6)_{10}$ の2の補数は，0110において各桁の0と1を入れ替えた1001に，0001を加えて1010となる．

X と Y を正の2進数とするとき，減算 $X - Y$ は以下の手順で実現される：

（1）X と Y の桁をそろえ，それらの最上位の桁に中身が0の桁を追加して，それらを改めて X, Y とする．
（2）$(-Y)$ を表現するために，Y の2の補数 Y' を作る．
（3）$X + (-Y) = X + Y'$ を計算する．
（4）結果を解釈する．これには以下の二つの場合がある：

　（i）結果 $X + Y'$ において，X および Y' の最上位の桁からの繰上りがある場合，結果は正の数である．この繰上りを無視して，残りの部分を正の数として解釈する．

　（ii）結果 $X + Y'$ において，X および Y' の最上位の桁からの繰上りがない場合，結果は負の数である．結果も2の補数であるので，2の補数を作るときと正反対の手順

を結果に適用すれば，その絶対値を算出できる。

この手順を実際の減算に適用した例を以下に示す。

〈例1〉 $X=101=(5)_{10}$, $Y=11=(3)_{10}$ のとき，$X-Y$ を求めよ。

〈解答〉

（1） 両者を3桁にそろえて $X=101$, $Y=011$ とし，4桁目に0を追加して $X=0101$, $Y=0011$ とする。

（2） $Y=0011$ であるから $Y'=1100+0001=1101$ である。

（3）　　0101
　　　　+ 1101
　　　　10010

（4） 結果 $X+Y'$ において，X および Y' の最上位の桁である4桁目から5桁目への繰上りが発生した。そのため（i）の解釈に該当し，結果は正の数である。この繰上りを無視し $X+Y'=0010$ とする。この結果は10進数の減算 $5-3=2$ に等しい。

〈例2〉 $X=11=(3)_{10}$, $Y=101=(5)_{10}$ のとき，$X-Y$ を求めよ。

〈解答〉

（1） 両者の桁をそろえて $X=011$, $Y=101$ とし，4桁目に0を追加して $X=0011$, $Y=0101$ とする。

（2） $Y=0101$ であるから $Y'=1010+0001=1011$ である。

（3）　　0011
　　　　+ 1011
　　　　1110

（4） 結果 $X+Y'$ において，X および Y' の最上位の桁である4桁目から5桁目への繰上りが発生しなかった。そのため（ii）の解釈に該当し，結果は負の数である。2の補数を作る手順と正反対の手順に従い，結果の絶対値は $1110-0001=1101$ において各桁の0と1を入れ替えて0010となる。この結果は10進数の減算 $3-5=-2$ に等しい。

図9.8（a）に3ビット**減算器**（subtracter）を示す。この回路は図（b-1）に示すような2進数 $X=(A_2 A_1 A_0)$ と $Y=(B_2 B_1 B_0)$ の減算 $X-Y$ を実行する。図（b-1）の減算に手順（1）を適用すると図（b-2）となり，さらに手順（2）を適用すると図（b-3）となる。ここで $(1 B'_2 B'_1 B'_0)$ は，$(0 B_2 B_1 B_0)$ の2の補数である。この回路は四つの全加算器 FA_k（$k=0$, 1, 2, 3）で構成され，FA_3 は手順（1）を実現する。各 FA_k に接続された NOT ゲートが値 B_k の0と1を入れ替え，FA_0 への入力 $C_0=1$ が最下位の桁に1を加えることで，手順（2）が実現されて $(1 B'_2 B'_1 B'_0)$ が生成される。結果としてこの回路は，$X=(A_2 A_1 A_0)$ と $Y=(B_2 B_1 B_0)$ を入力として，C_4 と $(S_3 S_2 S_1 S_0)$ を出力する。$(S_3 S_2 S_1 S_0)$ は $C_4=1$ のとき正の数，$C_4=0$ のとき負の数と解釈される。

9.2 加算器を利用した減算

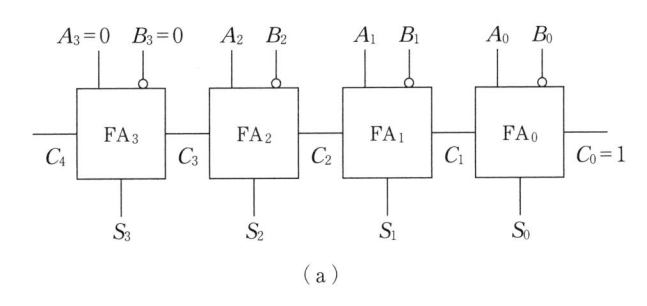

図 9.8 3ビット減算器

図 9.7 の加算器と図 9.8 の減算器は共通部分が多い。また図 9.8 (a) の全加算器 FA_0 は，$C_0=0$ とすると図 9.7 (a) の半加算器 HA_0 と同じ動作をする。以上のことから，これら二つの回路を統合した加減算器が用いられる。**図 9.9** に 3 ビット加減算器を示す。この回路で $X=(A_2\,A_1\,A_0)$ および $Y=(B_2\,B_1\,B_0)$ とすれば，制御信号 $SUB=0$ のとき加算 $X+Y$ が，$SUB=1$ のとき減算 $X-Y$ が実行される。この回路における EXOR の働きを**表 9.4** に示す。EXOR は，$SUB=1$ のときに B_k の値を入れ替える役割を果たしている。

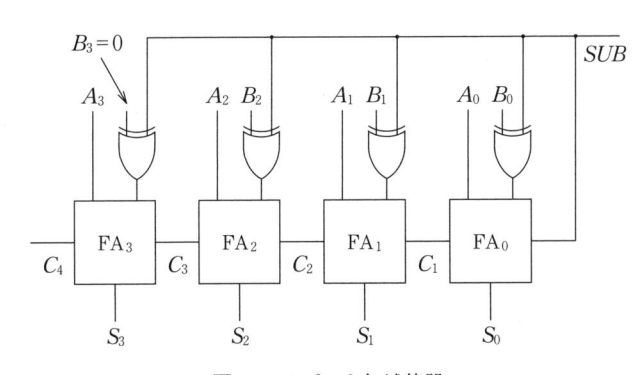

図 9.9 3 ビット加減算器

表 9.4 加減算器における EXOR の働き

B_k	SUB	$B_k \oplus SUB$
0	0	0
0	1	1
1	0	1
1	1	0

演習問題

【1】 4ビットの2進数 $(A_3 A_2 A_1 A_0)$ と $(B_3 B_2 B_1 B_0)$ の和を計算する加算器を考える。この加算器は，一つの半加算器と三つの全加算器で構成できる。これらを半加算器0・全加算器1・全加算器2・全加算器3と呼ぶことにする。

(1) この加算器の構成を図示せよ。半加算器と全加算器の変数は**表9.5**に従うこと。

表9.5 変数の設定

	和の注目する桁の値	上の桁への繰上り
半加算器0	S_0	C_1
全加算器1	S_1	C_2
全加算器2	S_2	C_3
全加算器3	S_3	C_4

(2) 以下の入力に対する，加算結果 $(S_3 S_2 S_1 S_0)$ と繰上り $(C_4 C_3 C_2 C_1)$ を求めよ。
　　(ⅰ) $(A_3 A_2 A_1 A_0) = (1011)$, $(B_3 B_2 B_1 B_0) = (0011)$
　　(ⅱ) $(A_3 A_2 A_1 A_0) = (0110)$, $(B_3 B_2 B_1 B_0) = (0111)$

【2】 2の補数を用いた減算に関する以下の問に答えよ。なお，計算の過程をきちんと示すこと。

(1) 10進数の2および7は3ビットの2進数として表せる。以下の減算を2の補数を用いて計算し，結果を10進数で示せ。
　　(ⅰ) 7−2，　(ⅱ) 2−7

(2) 10進数の8および13は4ビットの2進数として表せる。以下の減算を2の補数を用いて計算し，結果を10進数で示せ。
　　(ⅰ) 13−8，　(ⅱ) 8−13

10. フリップフロップ

前章までの組合せ回路と異なり，入力のみでなく現在の状態にも影響されてつぎの状態と出力が定まる回路を順序回路と呼ぶ。順序回路は記憶の機能を持つ。本章ではその構成要素となるフリップフロップについて説明する。

10.1 記憶のモデル

前章までで説明してきた組合せ回路は，入力の組合せのみで出力が定まる回路である。一方で，入力のみでなく回路の現在の**状態**（state）にも影響されてつぎの状態と出力が定まる回路もあり，それは**順序回路**（sequential circuit）と呼ばれる。回路の現在の状態は過去の入力の結果であるため，順序回路は**記憶**（memory）の機能を持つ。本章ではその構成要素となるフリップフロップを説明する。

まず初めに，**図 10.1** に示される記憶のモデルを考えよう。図（a）に示されるように，このモデルは一つの山と二つの谷を持つ地形・一つのボール・二人の人で構成される。

ボールをこの地形の中に置き，それを二人の人が蹴る。ボールは山の上にあるとぐらぐらして不安定になり，左右どちらかの谷に落ち最終的にその谷底で静止する。このモデルの出力は「注目する谷にボールがあるか否か」である。ボールが谷 A にあることを出力 y_A が 1，谷 A にないことを出力 y_A が 0 とする。同様に，谷 B にあることを出力 y_B が 1，谷 B にないことを出力 y_B が 0 とする。

二人の人のうち，人 A はボールを左側にのみ蹴ることができ，人 B は右側にのみ蹴ることができる。谷と人で左右の割り振りが入れ替わることに注意してほしい。またおのおのの蹴る力の大きさは同じで，一方の谷底から蹴ったボールに山を超えさせもう一方の谷に落とすのに十分なものとする。このモデルの入力は「注目する人がボールを蹴るか否か」である。人 A がボールを蹴ることを入力 x_A が 1，蹴らないことを入力 x_A が 0 とする。同様に，人 B がボールを蹴ることを入力 x_B が 1，蹴らないことを入力 x_B が 0 とする。どちらの人も自分がボールを蹴らないときには相手の邪魔にならないように，この地形の中からいなくなるものとする。

10. フリップフロップ

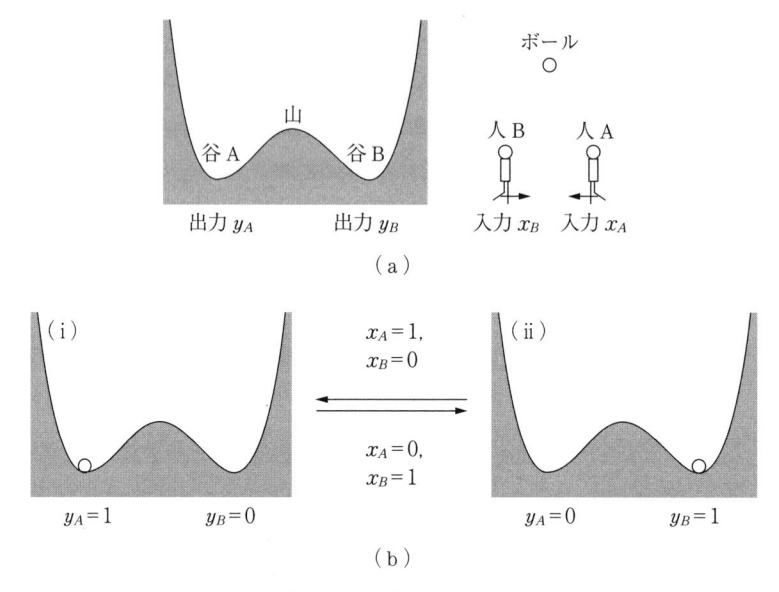

図10.1 記憶のモデル

図（b）に示されるように，ボールは二つに分裂しない限り，一方の谷にありもう一方の谷にはない．すなわちこのモデルは（i）$y_A=1$, $y_B=0$ あるいは（ii）$y_A=0$, $y_B=1$ のどちらかの状態をとる．現在このどちらかの状態にあるとして，このモデルがつぎにどのような状態になるかを考えよう．これは x_A, x_B の値に依存し，以下の4通りに大別される：

(1) $x_A=0$, $x_B=0$ のとき

ボールは左右どちらにも蹴られないので，現在の状態を保持する．すなわち現在の状態が（i）ならばつぎの状態も（i）のまま，（ii）ならば（ii）のままであろうとする．これは記憶の一種とみなせる．

(2) $x_A=0$, $x_B=1$ のとき

ボールは人Bによって右側に蹴られるので，現在の状態がなんであれつぎの状態ではボールが谷Bに落ちる．すなわち，現在の出力の値の組合せによらず $y_A=0$, $y_B=1$ となる．

(3) $x_A=1$, $x_B=0$ のとき

ボールは人Aによって左側に蹴られるので，現在の状態がなんであれつぎの状態ではボールが谷Aに落ちる．すなわち，現在の出力の値の組合せによらず $y_A=1$, $y_B=0$ となる．

(4) $x_A=1$, $x_B=1$ のとき

人Aと人Bが同時に同じ力で左右両方からボールを蹴る．このような場合，このモデルがどのような状態をとるかは自明でない．もし厳密に二人の蹴る力が同じなら

ボールは二人の間で静止するが，このとき両側からかかる力に対してボールの頑丈さが不足していれば，ボールは破裂しその破片が左右の谷に落ちるだろう。すなわち $y_A = y_B = 1$ となる。論理回路は0または1の値しかとらないので，二つの力の有無を区別することはできてもそれらの大きさの違いを区別することはできない。結果として上記のように y_A が y_B と同じ値をとるが，これがもはや通常のボールの動きでないことは明らかであろう。以上のことから，このモデルのような動作をする回路を記憶装置として利用したい場合，二つの入力を同時に1にしてはならない。

表10.1 モデルの動作

x_A	x_B	y_A	y_B
0	0	現状維持	
0	1	0	1
1	0	1	0
1	1	使われない。	

（1）〜（4）の入出力関係をまとめたものが**表10.1**である。この表に示される入出力関係を実現する電子回路がフリップフロップである。

10.2 SRフリップフロップ

SRフリップフロップは，最も基本的なフリップフロップである。ここで**フリップフロップ**（flip flop）とは，クロックパルスで駆動される記憶回路である。また**クロックパルス**（clock pulse）とは，高い電圧と低い電圧の2値をとる周期的なパルス信号であり，単にクロックとも呼ばれる。クロックパルスは，フリップフロップにその動作のタイミングを与える信号である。

図10.2に典型的なクロックパルスを示す。図の記号Hは高い電圧，記号Lは低い電圧を表す。これらの二つの電圧の値はあらかじめ定められており，値そのものよりもその高低が重要となる。そのため，これらの電圧をHレベル，Lレベルと呼ぶ。クロックパルスの周期を T とするとき，クロック周波数 $f = 1/T$ は順序回路の動作速度を左右する重要なパラメータである。LレベルからHレベルに増加する瞬間を**立上り**または**ポジティブエッジ**（positive edge），HレベルからLレベルに減少する瞬間を**立下り**または**ネガティブエッジ**

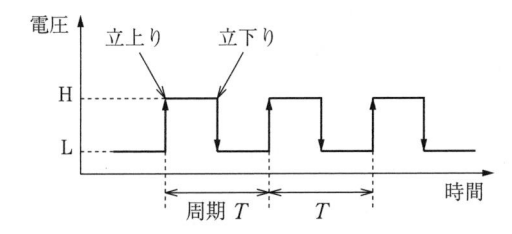

図10.2 典型的なクロックパルス

（negative edge）と呼ぶ．フリップフロップでは，クロックパルスの値が変化する際にその出力の値が変化する．立上りに同期して状態が変化するタイプをポジティブエッジ型といい，立下りに同期して状態が変化するタイプをネガティブエッジ型という．またこれらの動作を**エッジトリガ動作**（edge-triggered action）と呼ぶ．

図10.3にSRフリップフロップの記号を示す．SおよびRは入力，QおよびPは出力，CKはクロックである．CKの接続部分に描かれた横向きの三角形は，この回路がエッジトリガ動作を行うことを示している．ポジティブエッジ型ではCKを直接この三角形に接続し，ネガティブエッジ型ではCKと三角形の間に否定の記号（○）を入れる．

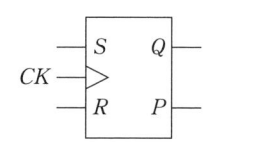

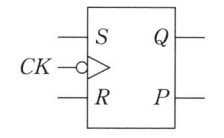

（a）ポジティブエッジ型　　（b）ネガティブエッジ型
（注）記号Pは，入力$S=1$, $R=1$を使わない前提の下で記号$\overline{Q}$と置き換える．

図10.3 SRフリップフロップの記号

表10.2に，ポジティブエッジ型SRフリップフロップの**特性表**（characteristic table）を示す．特性表はフリップフロップの入出力関係をまとめた表である．フリップフロップでは現在の状態と入力の両方に依存してつぎの状態が定まりそれが出力されるので，入力のみから出力が定まる組合せ回路の真理値表と区別するためこの名がある．この表では出力QおよびPの現在の値を記号QおよびPで，つぎの値を記号Q'およびP'で表しており，記号xは入力が0でも1でもよいことを示している．CKの列の立上りの記号は，このフリップフロップの状態が立上りの直後のみで変化することを表しており，それ以外のタイミングでは入力S, Rがどんな値であっても現在の状態が保持される．図10.1のモデルのx_A, x_B, y_A, y_BをSRフリップフロップのS, R, Q, Pにおのおの対応させれば，このフリップフロップでCKの立上りの直後に発生する状態の変化は，表10.1に示したモデルの動作と本質的に変わらない．そのことを以下で確認していこう：

表10.2 ポジティブエッジ型SRフリップフロップの特性表

CK	S	R	Q'	P'
⎍	0	0	Q	P
⎍	0	1	0	1
⎍	1	0	1	0
⎍	1	1	使われない．	
それ以外	x	x	Q	P

x：0でも1でもよい．
（注）記号Pは，入力$S=1$, $R=1$を使わない前提の下で記号$\overline{Q}$と置き換える．

（1）$S=0$, $R=0$のとき

つぎの状態Q'およびP'は，現在の状態QおよびPと同じ値を保持する．ただし

$Q' \neq P'$ である。この動作を論理回路の記憶として用いる。

（2） $S=0$, $R=1$ のとき

現在の状態がなんであれつぎの状態は $Q'=0$, $P'=1$ となり，やはり $Q' \neq P'$ である。このとき必ず $Q'=0$ となるので，この状態をリセット状態と呼ぶ。

（3） $S=1$, $R=0$ のとき

現在の状態がなんであれつぎの状態は $Q'=1$, $P'=0$ となり，やはり $Q' \neq P'$ である。このとき必ず $Q'=1$ となるので，この状態をセット状態と呼ぶ。

（4） $S=1$, $R=1$ のとき

モデルの動作でみたように，このときの状態の変化は自明ではない。SRフリップフロップは通常，NANDゲートやNORゲートを複数個組み合わせて実現される。そうした一般的な実現回路ではこの入力の値の組合せのとき，現在の状態がなんであれつぎの状態は $Q'=P'$ となる。SRフリップフロップを記憶装置として利用したい場合，この動作は望ましくない。そのためこの入力の値の組合せは使われない。

上記のとおり，入力の値の組合せ（1），（2），（3）が使われ（4）は使われない。通常はこの前提の下で，SRフリップフロップの出力の記号 P を記号 $\overline{Q}$ に置き換える。フリップフロップの動作は，時間に対するクロックパルス，入力，出力の変化を表す図を作成すると理解しやすい。このような図を**タイミングチャート**（timing chart）と呼ぶ。**図10.4**にSRフリップフロップのタイミングチャートの例を示す。図の上端の数字はクロックパルスの立上りの個数を表す。また下端の括弧付きの数字は，それぞれの立上りにおける入力 S, R の値の組合せを示している。立上り直前の S, R, Q の値によって立上り直後の Q の値が決まる。また立上り5と6の間にある，入力 S の短いパルスに注目してほしい。このように入力 S または R の値が変化し

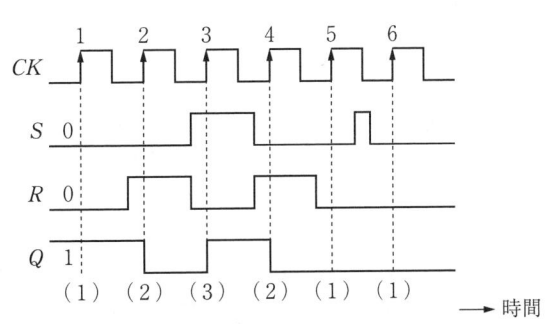

図10.4 SRフリップフロップのタイミングチャートの例

ても，その値がつぎの立上りまでに元に戻れば，Q の値に影響を与えない。

10.3 その他のフリップフロップ

10.3.1 Dフリップフロップ

Dフリップフロップは，最も簡単な動作で1ビットのデータを記憶する回路である。**図10.5**に，ポジティブエッジ型Dフリップフロップの記号と特性表を示す。このフリップフ

(a) 記号　　(b) 特性表

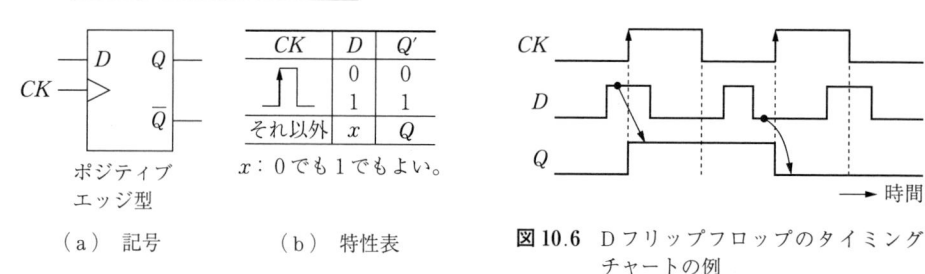

図 10.5　D フリップフロップ

図 10.6　D フリップフロップのタイミングチャートの例

ロップは，クロック CK が立ち上る直前の入力 D の値を取得して Q に出力する。図 10.6 に，D フリップフロップのタイミングチャートの例を示す。D フリップフロップは機能が単純であるため，安価でその実現が容易である。したがってさまざまなコンピュータハードウェアが，記憶回路としてこの D フリップフロップを利用することで設計され，実装される。

10.3.2　JK フリップフロップ

JK フリップフロップは簡単にいえば，禁止入力のない SR フリップフロップである。図 10.7 に，ネガティブエッジ型 JK フリップフロップの記号と特性表を示す。JK フリップフロップでは次章で説明されるカウンタとの関連から，ネガティブエッジ型が広く用いられる。

$J=K=1$ 以外の場合，J を SR フリップフロップの入力 S に，K を同じく入力 R に対応付ければ，このフリップフロップは SR フリップフロップと同じ動作をする。一方で $J=K=1$ の場合，このフリップフロップはクロック CK が立ち下る直前の Q の値を反転して出力する。これを**トグル動作**（toggle action）と呼ぶ。図 10.8 に，JK フリップフロップのタイミングチャートの例を示す。

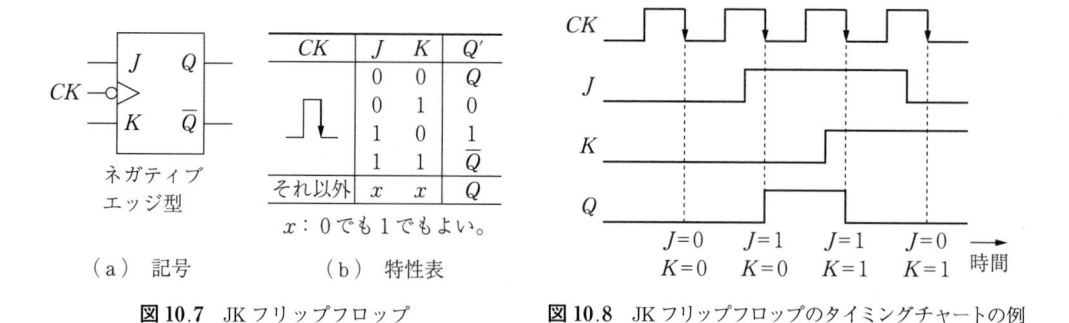

(a) 記号　　(b) 特性表

図 10.7　JK フリップフロップ

図 10.8　JK フリップフロップのタイミングチャートの例

演習問題

【1】 Dフリップフロップに関する以下の問に答えよ。

(1) **図10.9**のDフリップフロップに対し，**図10.10**のタイミングチャートに示されるクロック CK と入力 D が与えられたときの Q の変化を示せ。

図10.9 Dフリップフロップ

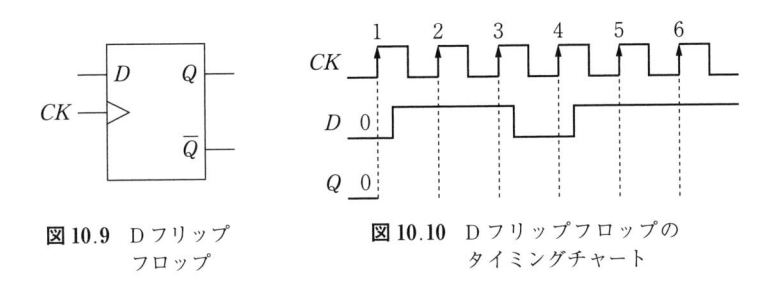

図10.10 Dフリップフロップのタイミングチャート

(2) Dフリップフロップは**図10.11**に示すとおり，SRフリップフロップとNOTゲートで実現できる。これについて以下の問に答えよ。

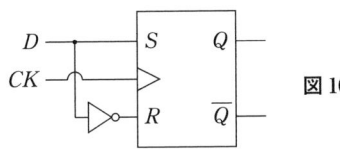

図10.11 SRフリップフロップを用いたDフリップフロップの実現

(i) $S=D$, $R=\overline{D}$ であることに注意して，**表10.3**の特性表を完成させよ。

表10.3 特性表

CK	D	S	R	Q'
⎍	0			
⎍	1			
それ以外	x	x	x	Q

x：0でも1でもよい。

(ii) この特性表に基づき，上記のDフリップフロップの入出力動作は以下の文章にまとめられる。空欄（ア），（イ）を適切な数字で埋めよ。

$D=0$ のとき $Q'=$ (ア)，$D=1$ のとき $Q'=$ (イ) となる。

10. フリップフロップ

【2】 JKフリップフロップに関する以下の問に答えよ。

（1）図10.12のJKフリップフロップに対し，図10.13のタイミングチャートに示されるクロックCKと入力J, Kが与えられたときのQの変化を示せ。

図10.12　JKフリップフロップ

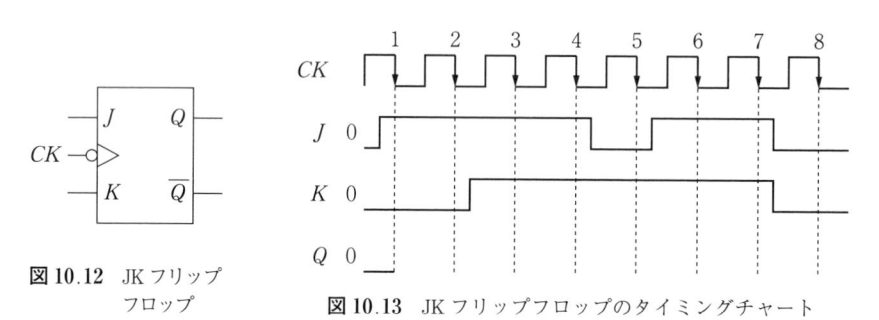

図10.13　JKフリップフロップのタイミングチャート

（2）JKフリップフロップは図10.14に示すとおり，SRフリップフロップとANDゲートで実現できる。これについて以下の問に答えよ。

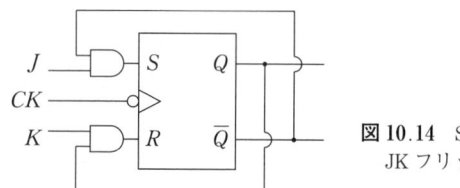

図10.14　SRフリップフロップを用いたJKフリップフロップの実現

（i）$S=J\cdot\overline{Q}$, $R=K\cdot Q$であることに注意して，表10.4の特性表を完成させよ。

表10.4　特性表

CK	Q	J	K	$\overline{Q}$	S	R	Q'
⎍	0	0	0				
	0	0	1				
	0	1	0				
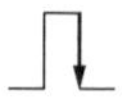	0	1	1				
	1	0	0				
	1	0	1				
	1	1	0				
	1	1	1				
x	x	x	x	x	x	x	Q

x：0でも1でもよい。

（ii）この特性表に基づき，JKフリップフロップの入出力動作は以下の文章にまとめられる。空欄（ア）～（ク）を適切な数字で埋めよ。

$J=0$, $K=0$のとき，$Q=0$ならば$Q'=$（ア），$Q=1$ならば$Q'=$（イ）となる。
$J=0$, $K=1$のとき，$Q=0$ならば$Q'=$（ウ），$Q=1$ならば$Q'=$（エ）となる。
$J=1$, $K=0$のとき，$Q=0$ならば$Q'=$（オ），$Q=1$ならば$Q'=$（カ）となる。
$J=1$, $K=1$のとき，$Q=0$ならば$Q'=$（キ），$Q=1$ならば$Q'=$（ク）となる。

11. フリップフロップの応用例

本章ではフリップフロップの応用例について述べる。ここではレジスタとカウンタを取り上げる。レジスタは2桁以上の2進数を記憶する回路，カウンタは入力されたパルスの数を2進数で数える回路である。これらは電子計算機に代表される，ディジタル回路を応用したシステムにおいて，基本的かつ重要な役割を果たす。

11.1 シフトレジスタ

10章で説明したDフリップフロップの応用の一つに，**レジスタ**（register）がある。レジスタは2桁以上の2進数を記憶する回路であり，置数器とも呼ばれる。レジスタにはいくつかの種類があるが，ここでは特に重要な**シフトレジスタ**（shift register）について説明する。図11.1に3ビットシフトレジスタを示す。その名前の由来は後ほど説明する。シフトレジスタは，2桁以上の2進数の乗算を実現する際にきわめて有効な回路である。

この回路は三つのDフリップフロップFF_0, FF_1, FF_2から構成され，そのすべてでクロックCKが共通である。レジスタの入力XがFF_0の入力D_0に接続され，FF_0の出力Q_0がFF_1の入力D_1に接続される。さらにFF_1の出力Q_1がFF_2の入力D_2に接続され，FF_2の出力Q_2がレジスタの出力Yとなる。

この回路の動作を説明する。まず$Q_0 = Q_1 = Q_2 = 0$に設定されたこのレジスタに，CKの周期に等しい長さの単一のパルスが入力された場合を考えよう。この場合のタイミングチャートを図11.2に示す。ここでは時刻をCKの立上りの番号で表す。この図に示されるとおり，立上り1から2にかけて入力されたパルスは，CKの立上りのたびにレジスタの入力から出力に向かって移動（シフト）する。これがシフトレジスタの名前の由来である。

なぜこの回路は，このような「ドミノ倒し」にも似た動作をするのだろうか。そのメカニズムを説明しよう。表11.1に，単一のパルスが入力された場合のこのレジスタの動作をまとめた。図11.2のタイミングチャートでは水平方向に各時刻を並べ鉛直方向に各変数を並べたが，この表ではわかりやすくするため水平方向に各変数を並べ鉛直方向に各時刻を並べた。表の$I_k(0 \leq j \leq 5)$は時間間隔を表し，おのおの図11.2の$I_k(0 \leq j \leq 5)$に対応する。I_0は

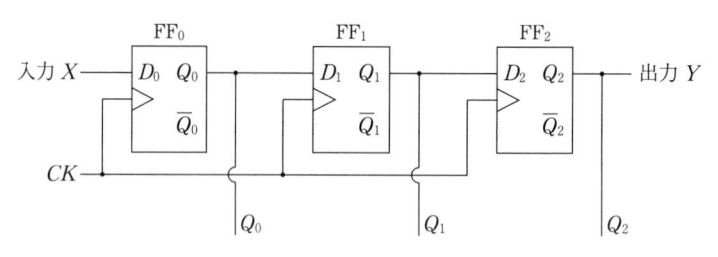

11. フリップフロップの応用例

図 11.1 3ビットシフトレジスタ

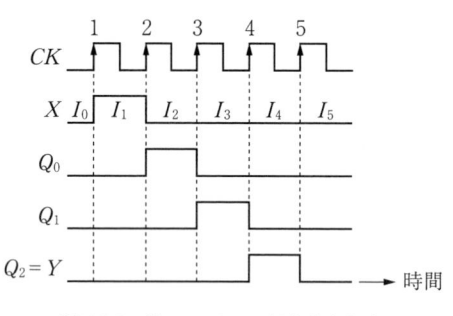

図 11.2 単一のパルスが入力された場合のタイミングチャート

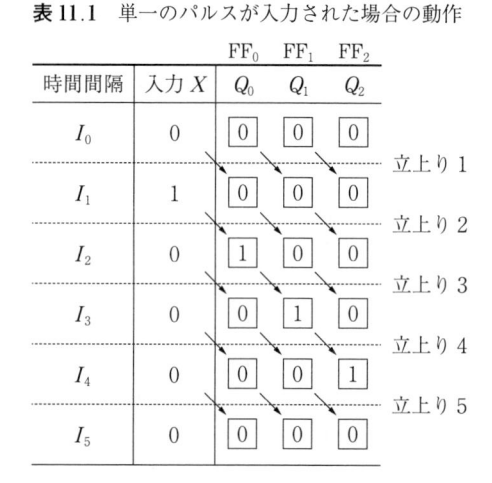

表 11.1 単一のパルスが入力された場合の動作

時間間隔	入力 X	FF_0 Q_0	FF_1 Q_1	FF_2 Q_2	
I_0	0	0	0	0	
					立上り 1
I_1	1	0	0	0	
					立上り 2
I_2	0	1	0	0	
					立上り 3
I_3	0	0	1	0	
					立上り 4
I_4	0	0	0	1	
					立上り 5
I_5	0	0	0	0	

立上り1まで，I_1 は立上り1から2まで，I_2 は立上り2から3まで，I_3 は立上り3から4まで，I_4 は立上り4から5まで，I_5 は立上り5からの時間間隔を表す．これらの時間間隔を区切る破線は立上りを表し，矢印は始点の値が終点のフリップフロップに取得されることを示す．

まず立上り1に注目しよう．この時刻の直前は時間間隔 I_0 であり，$X=0$, $Q_0=0$, $Q_1=0$, $Q_2=0$ である．FF_2 は I_0 の $Q_1=0$ を取得し，立上り1の時刻の直後に $Q_2=0$ となる．同様に，FF_1 は I_0 の $Q_0=0$ を取得し，立上り1の時刻の直後に $Q_1=0$ となる．FF_0 は I_0 の $X=0$ を取得し，この時刻の直後に $Q_0=0$ となる．結果として，立上り1の直後に $Q_0=0$, $Q_1=0$, $Q_2=0$ となる．

つぎに立上り2に注目する．この時刻の直前は時間間隔 I_1 であり $X=1$, $Q_0=0$, $Q_1=0$, $Q_2=0$ である．立上り1の場合と同様に考えると，立上り2の時刻の直後に $Q_0=1$, $Q_1=0$, $Q_2=0$ となる．以下同様の手順で Q_0, Q_1, Q_2 の値が更新され，立上り4の直後にこのパルスが最後段の FF_2 に到達する．

このようにして立上り1から2にかけて入力されたパルスは，CK の立上りに同期して入力から出力に向かって移動する．水平方向に各時刻を，鉛直方向に各変数を並べてこの表を書き直すと，0と1の並びが図11.2のタイミングチャートに一致する．

このレジスタは，単一のパルスでなく 2 進数が入力された場合にも同様の動作をする。**図11.3** に，2 進数 101 が入力された場合のタイミングチャートを示す。ここではこの 2 進数を $(X_2\,X_1\,X_0) = (1\,0\,1)$ と表している。

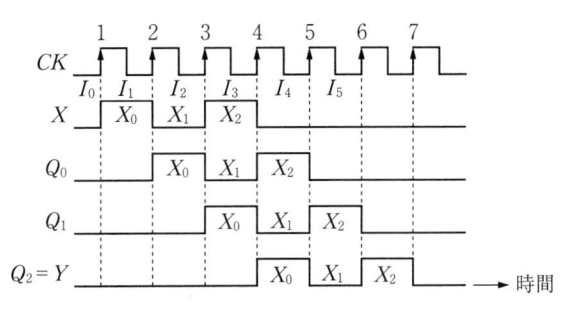

図に示すとおり，2 進数の入力はそれを時間軸上に並べたパルスを，CK の立上りに同期させて X に入力することで実現される。2 進数 101 を表すパルス波形は，CK の立上りのたびに入力から出力に向かって移動する。立上り 4 の直後に $X_2 = 1$ が FF_0 の Q_0 に取得され，2 進数 101 がこのレジスタに記憶されたことになる。ここでは $(Q_0\,Q_1\,Q_2) = (X_2\,X_1\,X_0) = (1\,0\,1)$ であり，この 2 進数が回路上で「見たまま」の形で記憶されている。これを実現するために，時刻の早い順に X_0，X_1，X_2 が入力されている。この図から，CK の立上りに同期した移動の間も入力されたパルスの順番が保たれ，単一のパルスの場合と同様にこの移動を説明できることがわかる。

2 進数 101 がこのレジスタに記憶された後，これをレジスタ全体の出力から CK の立上りに同期させて順次取り出すこともできるし，あるいは Q_0，Q_1，Q_2 から 3 ビット同時に取り出すこともできる。前者の取り出し方を直列出力方式，後者の取り出し方を並列出力方式という。したがってシフトレジスタは，データの出力方式を変換する機能を持つ。この機能が，2 桁以上の 2 進数の乗算を実現する際に重要な役割を果たす。

本節で考察したレジスタの動作は，**図11.4** に示される手続きで表現できる。この図で $A \leftarrow B$ は，A に B を代入することを表す。

```
Q₂ = 0, Q₁ = 0, Q₀ = 0 とする。
※1 までを繰り返す。
    CK が立ち上るたびに※2 までを実行する。
        Q₂ ← Q₁,   Q₁ ← Q₀,   Q₀ ← X
    ※2
※1
```

図11.4 3 ビットレジスタの直列出力の手続き表現

11.2 カ ウ ン タ

10.3.2 項で説明した JK フリップフロップの応用の一つに**カウンタ**（counter）がある。カウンタは，入力されたパルスの数を 2 進数で数える回路である。例として**図11.5** に 3 ビットカウンタを，**図11.6** にそのタイミングチャートを示す。

この回路の動作を説明しよう。3 ビットカウンタが実現すべき動作を**表11.2** に示す。3 ビットカウンタは三つの論理変数 X_2，X_1，X_0 を持ち，これらにより 3 桁の 2 進数 $(X_2\,X_1$

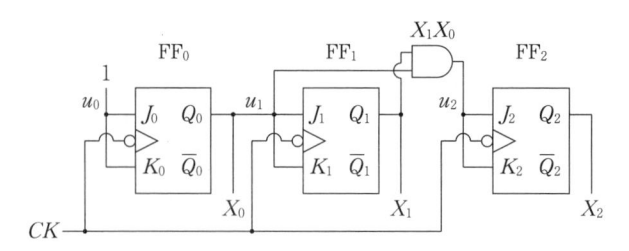

図11.5 3ビットカウンタ

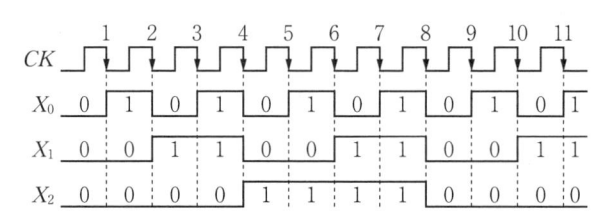

図11.6 3ビットカウンタのタイミングチャート

表11.2 3ビットカウンタが実現すべき動作

パルス数	X_2	X_1	X_0
0	0	0	0
1	0	0	1
2	0	1	0
3	0	1	1
4	1	0	0
5	1	0	1
6	1	1	0
7	1	1	1
8	0	0	0
9	0	0	1
10	0	1	0
11	0	1	1
⋮	⋮	⋮	⋮

- $X_0 = 1$ のとき つぎのパルスで $X_1 = 0 \to 1$
- $X_1 = X_0 = 1$ のとき つぎのパルスで $X_2 = 0 \to 1$
- $X_2 = X_1 = X_0 = 1$ のとき つぎのパルスで すべての変数が $1 \to 0$

X_0)を表現する．1周期分のクロックパルスが入力されるたびに，2進数$(X_2 X_1 X_0)$の値が変化する．$(X_2 X_1 X_0)$の値はクロックパルス数0における（0 0 0）から始まり，クロックパルス数7における（1 1 1）まで1ずつ増え，クロックパルス数8のとき（0 0 0）に戻る．表11.2で各変数の変化のパターンに注目すると，つぎのルールを見つけられる：

- X_0の値は，クロックパルス数が1増えるたびに反転する．クロックパルス数の小さい順にX_0の値を並べると，$\{0, 1, 0, 1, 0, 1, 0, 1, 0, 1, 0, 1, \cdots\}$となる．
- X_1の値は，クロックパルス数が2増えるたびに反転する．クロックパルス数の小さい順にX_1の値を並べると，$\{0, 0, 1, 1, 0, 0, 1, 1, 0, 0, 1, 1, \cdots\}$となる．
- X_2の値は，クロックパルス数が4増えるたびに反転する．クロックパルス数の小さい順にX_2の値を並べると，$\{0, 0, 0, 0, 1, 1, 1, 1, 0, 0, 0, 0, \cdots\}$となる．

各変数を反転させるクロックパルス数が，$1 \to 2 \to 4$ のように順次2倍になることに注意する。

このときの各変数の動作は，入力 J と K がまとめられた JK フリップフロップにより実現できる（**図 11.7** 参照）。図 (b) のとおりこのフリップフロップは，u が 0 のとき現在の Q と同じ値を出力し，u が 1 のとき現在の Q を反転した値を出力する。その結果図 (c) のように，このフリップフロップでは u の 2 倍の周期で Q の値が変化する。したがって u をうまく選べば，カウンタの各桁に対応する動作を実現できる。図 11.5 のカウンタではこのフリップフロップを三つ用い，変数 X_0，X_1，X_2 におのおのフリップフロップ FF_0，FF_1，FF_2 を対応させている。

(a) 記号　　(b) 特性表　　(c) タイミングチャート

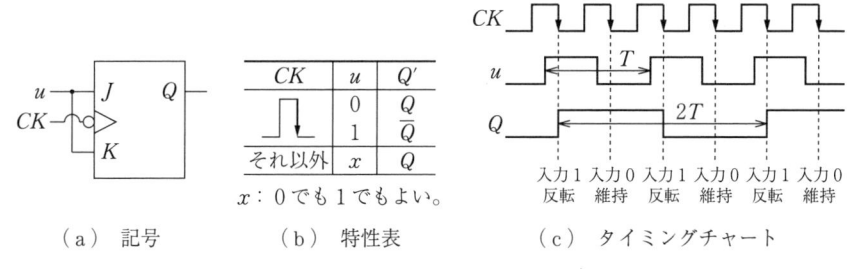

図 11.7 入力がまとめられた JK フリップフロップ

つぎに各フリップフロップへの入力を構成する。これは，下位の桁の値が上位の桁の値に影響を及ぼす仕組みである。この仕組みを構成するために，表 11.2 で各変数の値が変化するときの他の変数との関係に注目すると，つぎのルールを見つけられる：

(ⅰ)　$X_0 = 1$ のとき，つぎのクロックパルスで X_1 が 0 から 1 に変化する。

(ⅱ)　$X_1 = X_0 = 1$ のとき，つぎのクロックパルスで X_2 が 0 から 1 に変化する。

(ⅲ)　$X_2 = X_1 = X_0 = 1$ のとき，つぎのクロックパルスですべての変数 X_2，X_1，X_0 が 1 から 0 に変化する。

図 11.5 のカウンタでは (ⅰ) を実現するために，FF_0 の入力 u_0 の値を 1 に固定し，その出力 X_0 を FF_1 の入力 u_1 に接続している。また (ⅱ) を実現するために，FF_0 の出力 X_0 と FF_1 の出力 X_1 の AND をとり，その出力 $X_1 X_0$ を FF_2 の入力 u_2 に接続している。$X_1 = X_0 = 1$ のときに限り，この AND の出力が 1 になることに注意する。(ⅲ) を実現するための仕組みは特に必要なく，各フリップフロップ動作がこのルールを自然に実現する。このようにして，図 11.5 の回路が 3 ビットカウンタとして動作する。

なお，図 11.5 のようにクロックパルスの数を昇順 $(0, 1, 2, 3, \cdots)$ で数える回路をアップカウンタ，反対に降順で数える回路をダウンカウンタと呼ぶ。また，0 個から $(M-1)$ 個までクロックパルスを数え，M 個目でカウントが 0 に戻るカウンタを M 進カウンタと呼ぶ。したがって，図 11.5 の回路は 8 進アップカウンタである。さらにこの回路のように，共通

のクロックパルスを持つフリップフロップで構成されるカウンタを**同期式カウンタ**（synchronous counter）と呼ぶ。これに対し，共通のクロックパルスを持たないフリップフロップで構成されるカウンタを**非同期式カウンタ**（asynchronous counter）と呼ぶ。高速かつ正確な動作を実現しやすいことから，実用上は同期式カウンタが圧倒的に広く用いられる。

本章で考察したカウンタの動作は，3桁の2進数 $(X_2\,X_1\,X_0)$ を用いて**図11.8**に示される手続きで表現できる。この図で $(X_2\,X_1\,X_0) \leftarrow (X_2\,X_1\,X_0)+(0\,0\,1)$ は，右辺の $(X_2\,X_1\,X_0)$ と $(0\,0\,1)$ の和で左辺の $(X_2\,X_1\,X_0)$ を上書きすることを表す。$(X_2\,X_1\,X_0)$ は3桁の2進数なので，$111+001=1000$ となったとき4桁目の1は無視されて $(0\,0\,0)$ となる。

```
(X₂ X₁ X₀) = (0 0 0) とする。
※1 までを繰り返す。
    CK が立ち下るたびに※2 までを実行する。
        (X₂ X₁ X₀) ← (X₂ X₁ X₀) + (0 0 1)
    ※2
※1
```

図11.8 同期式8進アップカウンタの動作の手続き表現

図11.4や図11.8に示されるような，順序回路の動作の手続きによる表現は，論理回路の設計や検証のためのプログラミング言語である**ハードウェア記述言語**（hardware description language, HDL）でしばしば用いられる。

演習問題

【1】 図11.9のシフトレジスタを $Q_0=Q_1=0$ に設定し，これに2進数1001を入力する。以下の問に答えよ。

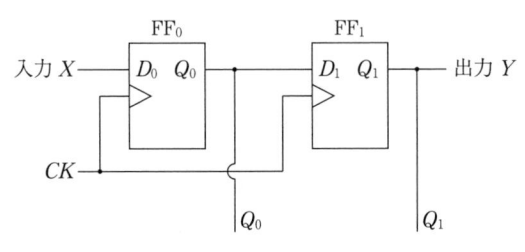

図11.9 シフトレジスタ

（1） 表11.3はこのときのシフトレジスタの動作をまとめたものである。Q_0，Q_1 の空欄を適切な数字で埋めよ。

表 11.3 2進数1001が入力された場合の動作

	FF$_0$	FF$_1$
入力 X	Q_0	Q_1
0	□	□
1	□	□ ……立上り1
0	□	□ ……立上り2
0	□	□ ……立上り3
1	□	□ ……立上り4
0	□	□ ……立上り5
0	□	□ ……立上り6

（2）図 11.10 のタイミングチャートに，このシフトレジスタの動作を記入せよ。

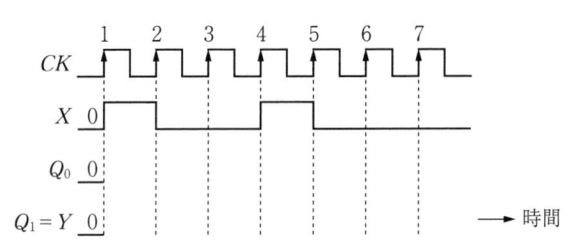

図 11.10 2進数1001が入力された場合のタイミングチャート

【2】図 11.11 の同期式カウンタに関する以下の問に答えよ。

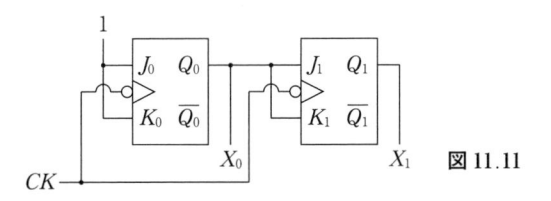

図 11.11

（1）つぎの文章において適語を選べ。

　　この回路は［(ア) 4進, 8進, 16進］の［(イ) アップ, ダウン］カウンタである。

（2）図 11.12 のタイミングチャートに，このカウンタの動作を記入せよ。

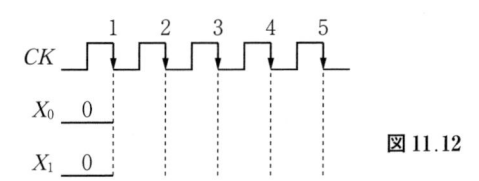

図 11.12

【3】 図11.13の同期式カウンタに関する以下の問に答えよ。

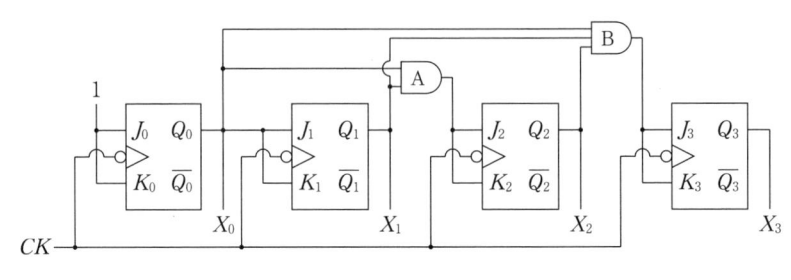

図11.13

(1) つぎの文章において適語を選べ。

　この回路は，[(ア) 4進，8進，16進] の [(イ) アップ，ダウン] カウンタである。図の [(ウ) AND，OR] ゲート A の働きにより，[(エ) $X_2 X_1=1$, $X_1 X_0=1$, $X_2 X_0=1$] であるとき，CK のつぎの立下りで X_2 の値が反転する。同様に，[(オ) AND，OR] ゲート B の働きにより [(カ) $X_3 X_2 X_1=1$, $X_3 X_1 X_0=1$, $X_2 X_1 X_0=1$] であるとき，CK のつぎの立下りで X_3 の値が反転する。

(2) 図11.14のタイミングチャートに，このカウンタの動作を記入せよ。

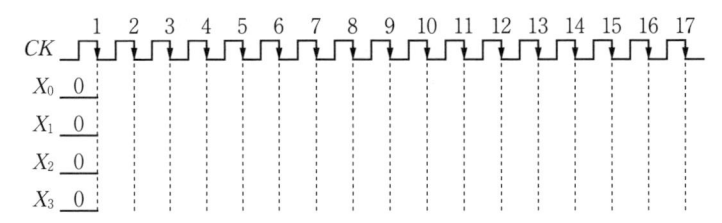

図11.14

12. 同期式順序回路の解析

外部から与えられたクロックパルスに同期して動作する順序回路を同期式順序回路と呼ぶ。同期式順序回路は前章のレジスタやカウンタのほかにさまざまな応用例がある。本章では，同期式順序回路を解析する上で重要な状態遷移図と，それを作成する手順について説明する。

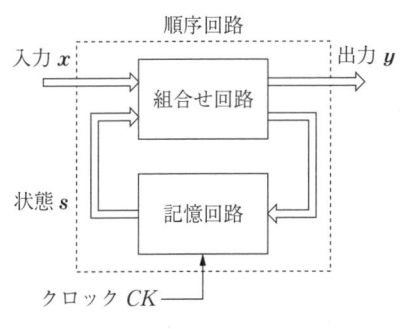

12.1 順序回路の基本構成

順序回路の基本構成を**図 12.1**に示す。順序回路は組合せ回路と記憶回路で構成される。組合せ回路は記憶の機能を持たない。記憶回路は情報の一時記憶を実現し，多くの場合フリップフロップで構成される。組合せ回路の出力が記憶回路に記憶され，記憶回路の出力がつぎの組合せ回路の入力となる。順序回路は入力 x，出力 y，状態 s を持つ。これらの記号からわかるとおり，一般に入力，出力，状態はベクトル量である。順序回路の状態 s は記憶回路の出力である。順序回路では通常，図 12.1 に示されるようにクロック CK を外部から与え，記憶回路の動作をこれに同期させる。このような回路は**同期式順序回路**（synchronous sequential circuit）と呼ばれる。一方，記憶回路の動作をクロックに同期させない順序回路もあり，このような回路は**非同期式順序回路**（asynchronous sequential circuit）と呼ばれる。本書はもっぱら同期式順序回路を扱う。同期式順序回路では，クロックが変化した直後に状態が変化する。一般的にはその時刻を問題にせず，変化の順番のみに注目する。以上のことから，本書では時刻を整数 $n = 0, 1, 2, \cdots$ で表す。

図 12.1 順序回路の基本構成

12.2　順序回路と状態遷移図

順序回路の動作は，タイミングチャートを描くことである程度理解される。しかしながら順序回路では多くの場合，構造が単純であってもその動作は複雑であり，タイミングチャートのみによってその全容を理解することは難しい。そこで順序回路の状態に注目し，その移り変わりを図示して動作を調べる方法が用いられる。

例えばフリップフロップを2個含む順序回路を考えよう。その一方の出力を Q_0，もう一方の出力を Q_1 とする。$Q_1=1, Q_0=1$ であることは状態 s_0：$(Q_1\,Q_0)=(1\,1)$ と表される。この順序回路への入力によってこれらが $Q_1=0, Q_0=0$ に変化した場合，このことを「順序回路の状態が s_0：$(Q_1\,Q_0)=(1\,1)$ から s_1：$(Q_1\,Q_0)=(0\,0)$ に遷移した」と表現する。順序回路の状態の移り変わりを図示するためには，**状態遷移図**（state transition diagram）が用いられる。状態遷移図は，ある状態からある状態への遷移，それらを発生させた順序回路の入力，その結果得られた順序回路の出力をまとめた図である。図 12.2 (a) に状態遷移図の書き方を示す。状態遷移図では，各状態を○で囲まれた記号で表し，ある状態からある状態への遷移を矢印で表す。またこの遷移を発生させた入力とその結果得られた出力を，矢印のそばに「入力／出力」の形で書き込む。状態の変化がある場合，例えば状態が s_0 から s_1 に変化した場合は，s_0 から s_1 に向けて矢印を描く。一方で状態の変化がない場合，例えば状態が s_0 から変化しない場合は，s_0 から s_0 に戻る矢印を描く。同期式順序回路ではクロックが変化するたびに，矢印で記述される状態遷移が発生する。

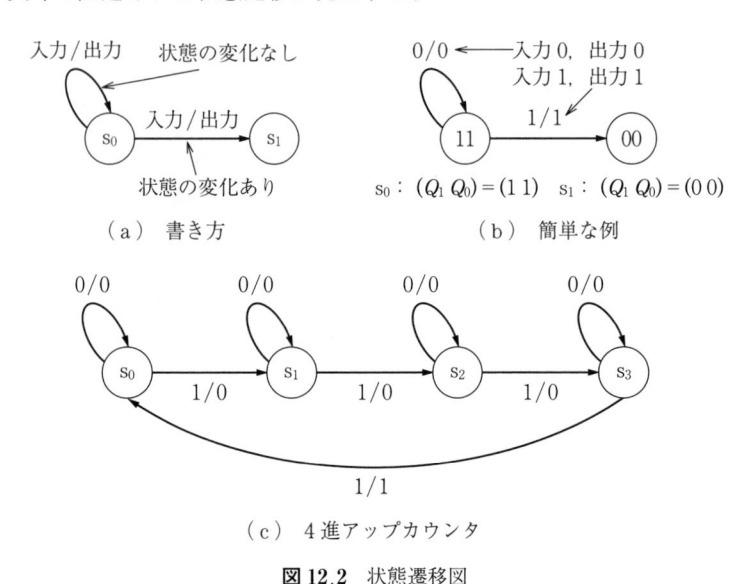

図 12.2　状態遷移図

図12.2(b)は簡単な状態遷移図の例である．この図で表される順序回路では状態が s_0：$(Q_1\,Q_0)=(1\,1)$ を出発し，入力が1のときには s_1：$(Q_1\,Q_0)=(0\,0)$ に移ると同時に出力が1となる．一方，入力が0のときには状態が s_0 のまま変化せず，出力が0となる．より複雑な状態遷移図の例を図12.2(c)に示す．この図で表される順序回路では，入力が0のときに状態の変化はなく出力も0である．状態が s_0 から出発して，入力が1になるたびに状態が s_1, s_2, s_3 へと順次移っていく．この間の出力は0である．入力が4回1になると状態 s_0 に戻り，出力が1となる．これは4進アップカウンタの動作にほかならない．

12.3 順序回路の解析の流れ

順序回路の解析とは，状態遷移図の作成により与えられた回路の動作を知ることである．回路の状態遷移図が得られればその動作を直感的に理解できるが，与えられた回路から直接これを導くことは一般的に困難である．ここでは簡単な例題を通して，順序回路の解析の流れを説明する．

例題 12.1 図12.3に示される同期式順序回路を解析し，**状態遷移表**（state transition table）と状態遷移図を作成せよ．

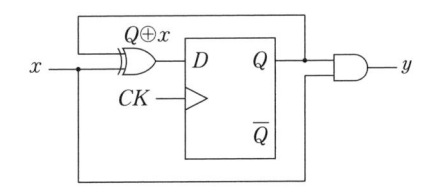

図 12.3 例題 12.1 で解析する回路

解析の結果得られる状態遷移表を表12.1に，状態遷移図を図12.4に示す．状態遷移表で Q は回路の現在の状態を，Q' はつぎの状態を表す．なお，状態遷移表の詳しい定義は，本例題の解説の中で行う．では解析の流れを以下で見ていこう．

(1) 回路がとり得るすべての状態を確認する．図12.3の回路には1個のフリップフロップが含まれている．回路の現在の状態を表す変数はフリップフロップの出力 Q であり，その値は 0, 1 の二通りである．

(2) 第二に，フリップフロップの入力を現在の状態と回路の入力で表す．図12.3から，

表 12.1 例題 12.1 の状態遷移表

	$x=0$		$x=1$	
Q	Q'	y	Q'	y
0	0	0	1	0
1	1	0	0	1

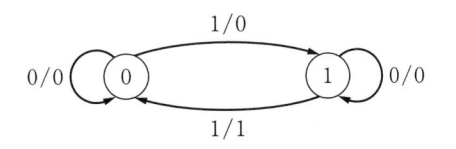

図 12.4 例題 12.1 の状態遷移図

フリップフロップの入力 D は次式で表される：

$$D = Q \oplus x$$

この式は**入力方程式**（input equation）と呼ばれる。

（3） つぎの状態を，現在の状態と回路の入力で表す。つぎの状態 Q' は，フリップフロップの入力 D を用いて次式で表せる：

$$Q' = D$$

上の入力方程式とこの式では D が共通であるので，これらをまとめると次式を得る：

$$Q' = Q \oplus x$$

この式は**状態遷移関数**（state transition function）と呼ばれる。

（4） 回路の出力を，現在の状態と回路の入力で表す。図 12.3 の回路図から，回路の出力 y は次式で表される：

$$y = Q \cdot x$$

この式は**出力関数**（output function）と呼ばれる。

（5） 導出された状態遷移関数と出力関数の式を用い，現在の状態 Q と入力 x の値からつぎの状態 Q' と出力 y の値を計算し，入力 x の値ごとに整理した表を作成する。この表を状態遷移表と呼ぶ。こうして作成された状態遷移表が表 12.1 である。

（6） 作成された状態遷移表に基づいて状態遷移図を描く。表 12.1 から作成された状態遷移図が図 12.4 である。以上のように順序回路では入力方程式・状態遷移関数・出力関数を求め，それらから状態遷移表を作成し，これに基づいて状態遷移図を描くことで，その動作を調べることができる。

例題 12.2　図 12.5 に示される同期式順序回路を解析し，状態遷移表と状態遷移図を作成せよ。

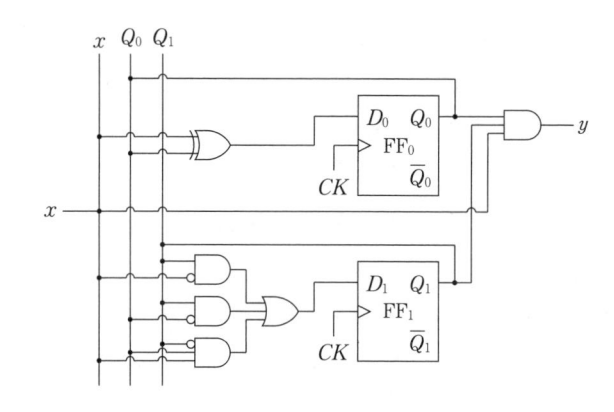

図 12.5　例題 12.2 で解析する回路

12.3 順序回路の解析の流れ

表 12.2 例題 12.2 の状態遷移表

Q_1	Q_0	$x=0$			$x=1$		
		Q_1'	Q_0'	y	Q_1'	Q_0'	y
0	0	0	0	0	0	1	0
0	1	0	1	0	1	0	0
1	0	1	0	0	1	1	0
1	1	1	1	0	0	0	1

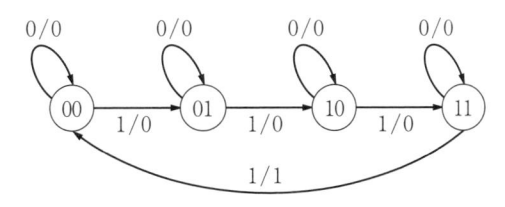

図 12.6 例題 12.2 の状態遷移図

解析の結果得られる状態遷移表を**表 12.2** に，状態遷移図を**図 12.6** に示す。状態遷移表で Q_0 と Q_1 はおのおの回路の現在の状態を表し，Q_0' と Q_1' はおのおのつぎの状態を表す。では解析の流れを以下で見ていこう。

（1） 回路がとり得るすべての状態を確認する。図 12.5 の回路には 2 個のフリップフロップ FF_0, FF_1 が含まれており，回路の状態を表す変数は FF_0, FF_1 の出力 Q_0, Q_1 である。回路がとり得るすべての状態は，$(Q_1, Q_0) = (0,0), (0,1), (1,0), (1,1)$ の 4 種類となる。

（2） 入力方程式を導く。入力方程式は，現在の状態で回路にある入力が加えられたとき，フリップフロップの入力を与える方程式である。入力方程式は，図 12.5 から以下のようになる：
$$D_0 = Q_0 \oplus x, \qquad D_1 = Q_1 \cdot \overline{x} + Q_1 \cdot \overline{Q_0} + \overline{Q_1} \cdot Q_0 \cdot x$$

（3） 状態遷移関数を導く。状態遷移関数は，現在の状態で回路にある入力が加えられたとき，つぎの状態を与える関数である。状態遷移関数は，D フリップフロップの入出力関係 $Q_0' = D_0$ および $Q_1' = D_1$ と上式から，以下のようになる：
$$Q_0' = Q_0 \oplus x, \qquad Q_1' = Q_1 \cdot \overline{x} + Q_1 \cdot \overline{Q_0} + \overline{Q_1} \cdot Q_0 \cdot x$$

（4） 出力関数を導く。出力関数は，現在の状態で回路にある入力が加えられたとき，回路の出力を与える関数である。図 12.5 の回路図から，出力関数は以下のようになる：
$$y = Q_1 \cdot Q_0 \cdot x$$

（5） 導出された状態遷移関数と出力関数の式を用い，状態遷移表を作成する。現在の状態 Q_0, Q_1 と回路の入力 x の値からつぎの状態 Q_0', Q_1' と出力 y の値を計算し，入力 x の値ごとに整理すると，表 12.2 の状態遷移表が得られる。この表からわかるとおり，図 12.5 の回路では $x=0$ のときには状態が変化せず，$x=1$ のときのみ状態が変化する。

（6） 作成された状態遷移表に基づいて状態遷移図を描く。表 12.2 から作成された状態遷移図が図 12.6 である。この図は図 12.5 の回路が 4 進アップカウンタとして動作することを示している。図 12.2（c）と図 12.5 を比べると，図 12.5 の四つの状態 (0 0)，(0 1)，(1 0)，(1 1) が図 12.2（c）の s_0, s_1, s_2, s_3 に対応している。

12. 同期式順序回路の解析

演習問題

【1】 図 12.7 に示される同期式順序回路を，つぎの手順に従って解析せよ．

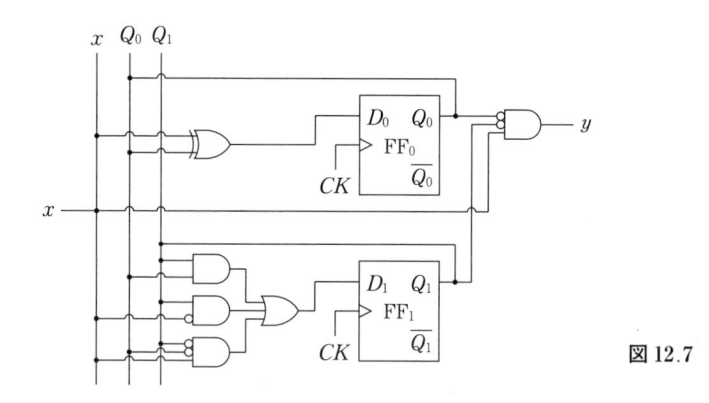

図 12.7

(1) 回路の状態を表す変数を見つけ，回路が記憶できるすべての状態を列挙せよ．
(2) 各フリップフロップの入力方程式を導け．
(3) 状態遷移関数を導け．
(4) 出力関数を導け．
(5) 状態遷移表を作成せよ．
(6) 状態遷移図を作成せよ．

【2】 図 12.8 に示される同期式順序回路を，つぎの手順に従って解析せよ．

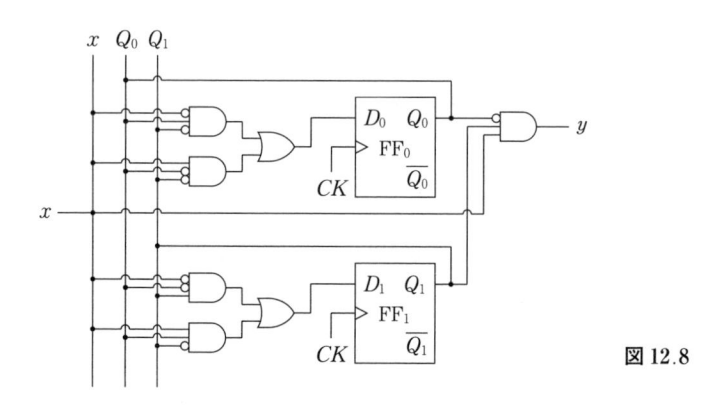

図 12.8

(1) 回路の状態を表す変数を見つけ，回路が記憶できるすべての状態を列挙せよ．
(2) 各フリップフロップの入力方程式を導け．
(3) 状態遷移関数を導け．
(4) 出力関数を導け．
(5) 状態遷移表を作成せよ．
(6) 状態遷移図を作成せよ．

13. 同期式順序回路の設計

　本章では同期式順序回路の設計について説明する。この設計は，前章の解析のおおむね逆の手順で行われる。この手順は前章とほぼ同じ概念で構成されるが，一般には回路の状態に対する各フリップフロップの状態の対応付け，すなわち状態割り当てが重要となり，それが積極的に利用される。

13.1 順序回路の設計手順

　本章では，同期式順序回路の設計について述べる。この設計は，前章で述べた解析のおおむね逆の手順で行われる。しかしながら実際の手順は複雑化しがちであり，状態の割り当て方により等価な回路が複数得られ，その回路が簡単にも複雑にもなる。本章では簡単な問題に的を絞り，基本的な流れを説明する。

　同期式順序回路の設計では，記憶を実現する回路として JK フリップフロップを用いる方法と，D フリップフロップを用いる方法がある。JK フリップフロップを用いる方法では，使用されるゲートやフリップフロップの数を減らすことができるが，JK フリップフロップが持つ比較的複雑な応答を利用してそれを実現するため，実際の手順が複雑化しがちである。このことは回路の設計コストを押し上げ，設計の自動化を難しくする。一方 D フリップフロップを用いる方法ではこれと対照的に，使用されるゲートやフリップフロップの数が増える傾向にあるが，D フリップフロップの応答は非常に簡単であるため，実際の手順も簡素化される。このことは回路の設計コストを下げ，設計の自動化を容易にする。

　かつては，特性のそろった多くのフリップフロップを小さな面積の中に作ることが困難であったため，JK フリップフロップを用いる方法がよく用いられた。現在では集積化技術の発展によりその困難が解消されたため，D フリップフロップを用いる方法が主流となっている。本章では，D フリップフロップを用いる方法に的を絞って説明する。この場合の同期式順序回路の設計手順は，以下のようにまとめられる：

（1） 回路の入力・状態・出力を定義し，その値で回路に要求される動作を記述する。
（2） その記述から状態遷移図を作成する。

（3） 回路の状態に各フリップフロップの状態を対応付ける。これを**状態割り当て**（state assignment）と呼ぶ。
（4） 状態遷移図と状態割り当てに基づいて状態遷移表を作成する。
（5） 状態遷移表から状態遷移関数・入力方程式・出力関数を求め，必要ならばそれらの簡単化を行う。
（6） 入力方程式と出力関数を論理回路で実現する。

13.2 順序回路の設計例

例題 13.1　以下の仕様を満たす自動販売機の動作を制御する同期式順序回路を，Dフリップフロップを用いて設計せよ：

- 200円のチケット1種類を販売する。
- 受け入れ可能な硬貨は100円玉のみであり，100円玉は1枚ずつ自動販売機に投入される。紙幣は受け入れられない。

設計された順序回路を**図 13.1** に示す。x はこの回路の入力，y はこの回路の出力，Q はDフリップフロップの出力である。この図からわかるとおり，本例題で設計される順序回路は，例題12.1で解析した回路と同じである。本例題における x, y, Q の役割は，設計の流れの中で明らかにされる。それでは設計の流れを以下で見ていこう。

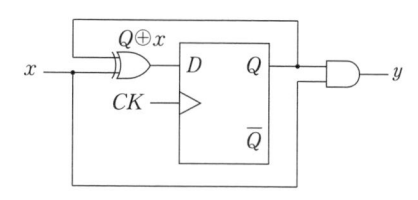

図 13.1　例題 13.1 で設計された回路

（1） 回路の入力・状態・出力を定義し，その値で回路に要求される動作を記述する。この回路は，一つの入力と一つの出力を持つ。その入力を x，出力を y としよう。x は自動販売機への100円玉1枚の投入を表し，$x=0$ のとき投入なし，$x=1$ のとき投入ありとする。y は取り出し口へのチケット1枚の送出を表し，$y=0$ のとき送出なし，$y=1$ のとき送出ありとする。

この自動販売機では100円玉が2枚投入されるたびに，取り出し口にチケット1枚が送出される。そのため，機内に0円が蓄えられている状態と100円が蓄えられている状態がある。ここでは前者を s_0，後者を s_1 と表すことにする。この自動販売機に要求される動作を，以下に列挙する：

I．0円が蓄えられている状態のとき
　① 100円玉が投入されなければ，0円が蓄えられている状態のまま，チケットが

送出されない。

② 100円玉が投入されれば，100円が蓄えられている状態に移り，チケットが送出されない。

II. 100円が蓄えられている状態のとき

③ 100円玉が投入されなければ，100円が蓄えられている状態のまま，チケットが送出されない。

④ 100円玉が投入されれば，これと機内に蓄えられた100円とで200円に達するため，チケット1枚が送出され，0円が蓄えられている状態に戻る。

記号 x, y, s_0, s_1 を用いれば，この自動販売機を制御する回路の動作が以下のように表現される:

I. 現在の状態が s_0 であるとき

① 入力 $x=0$ ならば，つぎの状態は s_0 となり出力 $y=0$ となる。

② 入力 $x=1$ ならば，つぎの状態は s_1 となり出力 $y=0$ となる。

II. 現在の状態が s_1 であるとき

③ 入力 $x=0$ ならば，つぎの状態は s_1 となり出力 $y=0$ となる。

④ 入力 $x=1$ ならば，つぎの状態は s_0 となり出力 $y=1$ となる。

（2） 状態遷移図を作成する。ここまでの考察をまとめると図 13.2 の状態遷移図が得られる。上記の動作 ①〜④ が，図の状態遷移 ①〜④ に対応する。

（3） 状態割り当てを行う。状態割り当ては，回路が記憶すべき状態に対してフリップフロップの出力を対応させる手続きである。

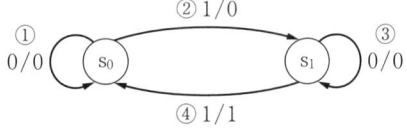

図 13.2 例題 13.1 の状態遷移図

2種類の状態の記憶は，一つのフリップフロップを用いて実現できる。このフリップフロップの出力を Q としよう。状態 s_0, s_1 に Q の値 0, 1 を割り当てる。これには以下の二通りの割り当て方が考えられる:

（i） 状態 s_0 に $Q=0$ を，状態 s_1 に $Q=1$ を割り当てる。

（ii） 状態 s_0 に $Q=1$ を，状態 s_1 に $Q=0$ を割り当てる。

これは，単にまわりくどい手続きを踏んでいるだけにも見える。しかしながら一般には，状態の割り当て方の工夫により，設計される回路が劇的に簡単になることが知られている。残念ながら現在では，最適な状態割り当ての方法はわかっていない。ここではわかりやすさのため，割り当て方（i）を採用しよう。

表 13.1 例題 13.1 の状態遷移表

	Q	$x=0$		$x=1$	
		Q'	y	Q'	y
s_0	0	0	0	1	0
s_1	1	1	0	0	1

（4）状態遷移図と状態割り当てに基づいて状態遷移表を作成する。**表13.1**にこの回路の状態遷移表を示す。表で Q は現在の状態，Q' はつぎの状態である。状態遷移図から Q と x の値の組合せごとに Q' と y の値を読み取って記入すると，この表が得られる。

（5）状態遷移表から状態遷移関数・入力方程式・出力関数を求める。状態遷移関数は，現在の状態で回路にある入力が加えられたとき，つぎの状態を与える関数である。表13.1 の状態遷移表から，現在の状態 Q と入力 x によるつぎの状態 Q' の加法標準形を導けば，以下の状態遷移関数を得る：

$$Q' = Q \cdot \overline{x} + \overline{Q} \cdot x = Q \oplus x$$

入力方程式は，現在の状態で回路にある入力が加えられたとき，フリップフロップの入力を与える方程式である。つぎの状態 Q' は，Dフリップフロップの入力 D を用いて次式で表せる：

$$Q' = D$$

上の状態遷移関数とこの式では左辺の Q' が共通であるので，これらをまとめると以下の入力方程式を得る：

$$D = Q \oplus x$$

出力関数は，現在の状態で回路にある入力が加えられたとき，回路の出力を与える関数である。表13.1 の状態遷移表から，現在の状態 Q と入力 x による出力 y の加法標準形を導けば，以下の出力関数を得る：

$$y = Q \cdot x$$

（6）入力方程式と出力関数を同期式順序回路で実現する。一つのDフリップフロップを用意し，その入出力に上記の入力方程式と出力関数を実現する組合せ回路を接続すると，図13.1 の回路を得る。

例題13.2 Dフリップフロップを用いて，以下の仕様を満たす4進アップカウンタを設計せよ。

- 一つのクロック，一つの入力，一つの出力を持つ。
- クロックパルスに同期して，0または1の値が入力に与えられる。
- この回路は，1が入力された回数を昇順（$0 \to 1 \to 2 \to \cdots$）に2進数 (X_1, X_0) の形式で数える。
- (X_1, X_0) の値が $(1,1)$ から $(0,0)$ に遷移すると出力が1になる。

設計された順序回路を**図13.3**に示す。x はこの回路の入力，y はこの回路の出力，Q_0 と Q_1 はおのおのDフリップフロップ FF_0 と FF_1 の出力である。この図からわかるとおり，本例題で設計される順序回路は，例題12.2 で解析した回路と同じである。本例題における x,

y, Q_0, Q_1 の役割は，設計の流れの中で明らかにされる．では，設計の流れを以下で見ていこう．

(1) 回路の入力・状態・出力を定義し，その値で回路に要求される動作を記述する．この回路は (X_1, X_0) の値として $(0,0)$, $(0,1)$, $(1,0)$, $(1,1)$ の4種類を持つ．したがっ

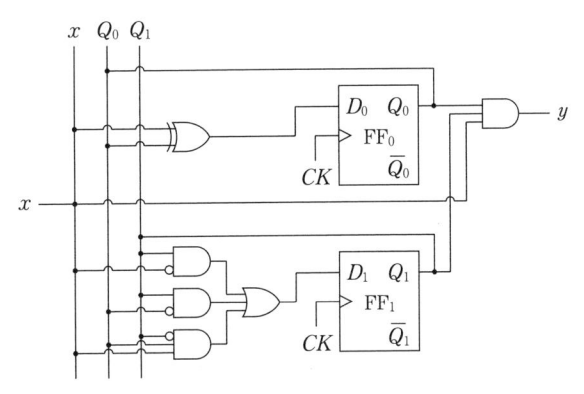

図 13.3 例題 13.2 で設計された 4 進アップカウンタ

て，回路が記憶すべき状態は以下の4種類となる：

$s_0 : (X_1, X_0) = (0, 0),$ $s_1 : (X_1, X_0) = (0, 1)$
$s_2 : (X_1, X_0) = (1, 0),$ $s_3 : (X_1, X_0) = (1, 1)$

この回路は，入力 x が1となるたびに $s_0 \to s_1 \to s_2 \to s_3 \to s_0 \to s_1 \to \cdots$ のように状態を一つずつ遷移し，x が0のときには状態を遷移しない．また問題にあるように，s_3 から s_0 へ遷移する際に出力 y が1となり，それ以外では0となる．

(2) 状態遷移図を作成する．ここまでの考察をまとめると**図 13.4**の状態遷移図が得られる．

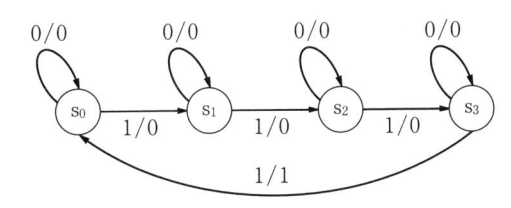

図 13.4 例題 13.2 の状態遷移図

(3) 状態割り当てを行う．4種類の状態の記憶は，二つのフリップフロップを用いて実現できる．これをフリップフロップ FF_0, FF_1 とし，その出力を Q_0, Q_1 としよう．(X_1, X_0) と (Q_1, Q_0) の対応のさせ方にはさまざまなものが考えられるが，ここではわかりやすさを優先して (X_1, X_0) の値と (Q_1, Q_0) の値を一致させ，以下のように状態を割り当てる：

$s_0 : (Q_1, Q_0) = (0, 0),$ $s_1 : (Q_1, Q_0) = (0, 1)$
$s_2 : (Q_1, Q_0) = (1, 0),$ $s_3 : (Q_1, Q_0) = (1, 1)$

(4) 状態遷移図と状態割り当てに基づいて状態遷移表を作成する．回路の入力と出力をおのおの x と y，Dフリップフロップ FF_0, FF_1 の現在の状態をおのおの Q_0, Q_1 とし，それらのつぎの状態をおのおの Q'_0, Q'_1

表 13.2 例題 13.2 の状態遷移表

	Q_1	Q_0	$x=0$			$x=1$		
			Q'_1	Q'_0	y	Q'_1	Q'_0	y
s_0	0	0	0	0	0	0	1	0
s_1	0	1	0	1	0	1	0	0
s_2	1	0	1	0	0	1	1	0
s_3	1	1	1	1	0	0	0	1

とする。**表13.2**にこの回路の状態遷移表を示す。状態遷移図から，現在の状態 Q_0, Q_1 と入力 x の値の組合せごとにつぎの状態 Q'_0, Q'_1 と出力 y の値を読み取って記入すると，この図が得られる。

(5) 状態遷移表から状態遷移関数・入力方程式・出力関数を求める。状態遷移関数は，表13.2の状態遷移表から現在の状態 Q_0, Q_1 と入力 x によるつぎの状態 Q'_0, Q'_1 の加法標準形を導くことにより，以下のように得られる：

$$Q'_0 = \overline{Q_1} \cdot Q_0 \cdot \overline{x} + Q_1 \cdot Q_0 \cdot \overline{x} + \overline{Q_1} \cdot \overline{Q_0} \cdot x + Q_1 \cdot \overline{Q_0} \cdot x$$
$$Q'_1 = Q_1 \cdot \overline{Q_0} \cdot \overline{x} + Q_1 \cdot Q_0 \cdot \overline{x} + \overline{Q_1} \cdot Q_0 \cdot x + Q_1 \cdot \overline{Q_0} \cdot x$$

Q'_0, Q'_1 は，おのおの**図13.5**(a)，(b)のカルノー図を用いてつぎのように簡単化される：

$$Q'_0 = Q_0 \cdot \overline{x} + \overline{Q_0} \cdot x = Q_0 \oplus x, \qquad Q'_1 = Q_1 \cdot \overline{x} + Q_1 \cdot \overline{Q_0} + \overline{Q_1} \cdot Q_0 \cdot x$$

入力方程式は，Dフリップフロップの入出力関係 $Q'_0 = D_0$ および $Q'_1 = D_1$ と上式から，以下のように得られる：

$$D_0 = Q_0 \oplus x, \qquad D_1 = Q_1 \cdot \overline{x} + Q_1 \cdot \overline{Q_0} + \overline{Q_1} \cdot Q_0 \cdot x$$

出力関数は，表13.2の状態遷移表から出力 y の加法標準形を導くことにより，以下のように得られる：

$$y = Q_1 \cdot Q_0 \cdot x$$

Q_1Q_0 x	00	01	11	10
0		1	1	
1	1			1

(a) Q'_0

Q_1Q_0 x	00	01	11	10
0			1	1
1		1		1

(b) Q'_1

図13.5 例題13.2のカルノー図

(6) 入力方程式と出力関数を同期式順序回路で実現する。二つのDフリップフロップを用意し，その入出力に上記の入力方程式と出力関数を実現する組合せ回路を接続すると，図13.3の回路を得る。

演習問題

【1】 つぎの仕様を満たす4進ダウンカウンタを，以下の手順でDフリップフロップを用いて設計せよ：

- 一つのクロック CK，一つの入力 x，一つの出力 y を持つ．
- クロックパルスに同期して，0 または 1 の値が入力 x に与えられる．
- この回路は，x に 1 が入力された回数を降順（$\cdots \to 2 \to 1 \to 0$）に 2 進数 (X_1, X_0) の形式で数える．
- この回路は，(X_1, X_0) の値として $(1,1)$，$(1,0)$，$(0,1)$，$(0,0)$ の 4 種類を持つ．したがって，回路が記憶すべき状態は以下の 4 種類となる：
  $s_3 : (X_1, X_0) = (1, 1),\qquad s_2 : (X_1, X_0) = (1, 0)$
  $s_1 : (X_1, X_0) = (0, 1),\qquad s_0 : (X_1, X_0) = (0, 0)$
- (X_1, X_0) の値が $(0,0)$ から $(1,1)$ に遷移すると出力が 1 になる．

（1） 状態遷移図を作成せよ．
（2） 4 種類の状態を二つの D フリップフロップ FF_0，FF_1 により記憶することとし，FF_0，FF_1 の出力をおのおの Q_0，Q_1 とする．(X_1, X_0) の値と (Q_1, Q_0) の値を一致させる状態割り当てを採用し，状態遷移表を作成せよ．
（3） 状態遷移関数を導け．
（4） 入力方程式を導け．
（5） 出力関数を導け．
（6） 設計された 4 進ダウンカウンタの回路図を示せ．

【2】 つぎの仕様を満たす自動販売機の動作を制御する同期式順序回路を，以下の手順で D フリップフロップを用いて設計せよ：
- 300 円のチケット 1 種類を販売する．
- 受け入れ可能な硬貨は 100 円玉のみであり，100 円玉は 1 枚ずつ自動販売機に投入される．紙幣は受け入れられない．
- この回路は，一つのクロック CK，一つの入力 x，一つの出力 y を持つ．x は自動販売機への 100 円玉 1 枚の投入を表し，$x=0$ のとき投入なし，$x=1$ のとき投入ありとする．y は取り出し口へのチケット 1 枚の送出を表し，$y=0$ のとき送出なし，$y=1$ のとき送出ありとする．
- この回路が記憶すべき状態は，機内に 0 円が蓄えられている状態，100 円が蓄えられている状態，200 円が蓄えられている状態の 3 種類である．これらを順に状態 s_0，s_1，s_2 と呼ぶことにする．

（1） 状態遷移図を作成せよ．
（2） 3 種類の状態を二つの D フリップフロップ FF_0，FF_1 により記憶することとし，FF_0，FF_1 の出力をおのおの，Q_0，Q_1 とする．状態 s_0 に $(Q_1, Q_0) = (0, 0)$ を，状態 s_1 に $(Q_1, Q_0) = (0, 1)$ を，状態 s_2 に $(Q_1, Q_0) = (1, 0)$ を割り当て，状態遷移表を作成せよ．
（3） 状態遷移関数を導け．
（4） 入力方程式を導け．
（5） 出力関数を導け．
（6） 設計された順序回路の回路図を示せ．

引用・参考文献

1) 国土交通省：1974年の海上における人命の安全のための国際条約（SOLAS条約）
   http://www.mlit.go.jp/kaiji/imo/imo0001_.html（2012年1月現在）
2) 国立極地研究所：南極地域観測隊員候補者の募集（資料-5）設営部門の担当分野と公募枠
   http://www.nipr.ac.jp/jare/topics/bosyu/refer5.html（2012年1月現在）
3) 秋田純一：ゼロから学ぶディジタル論理回路，講談社（2003）
4) 浜辺隆二：論理回路入門，森北出版（1995）
5) 松下俊介：基礎からわかる論理回路，森北出版（2004）
6) 赤堀 寛，速水治夫：基礎から学べる論理回路，森北出版（2002）
7) 後藤宗弘：電子計算機，森北出版（1989）
8) 中嶋秀之：知的エージェントのための集合と論理，共立出版（2000）
9) 石坂陽之助：ディジタル回路基本演習，工学図書出版（1977）
10) 角山正博，中島繁雄：ディジタル回路の基礎，森北出版（2009）
11) 相磯秀夫，天野英晴，武藤佳恭：だれにもわかるディジタル回路（第3版），オーム社（2005）
12) 藤井信生：なっとくするディジタル電子回路，講談社（1997）
13) 藤井信生：集積回路化時代のディジタル電子回路，昭晃堂（1987）
14) 高木直史：論理回路，オーム社（2010）
15) 南谷 崇：論理回路の基礎，サイエンス社（2009）
16) 笹尾 勤：論理設計 ─ スイッチング回路理論（第4版），近代科学社（2005）
17) 室賀三郎，笹尾 勤：論理設計とスイッチング理論 ─ LSI，VLSIの設計基礎，共立出版（1990）
18) 肥川宏臣：ディジタル電子回路，朝倉書店（2007）
19) 新保利和，松尾守之：電子計算機概論（第2版），森北出版（1998）
20) 浅川 毅：論理回路の設計，コロナ社（2007）
21) 五島正裕：ディジタル回路，数理工学社（2007）
22) 浅井秀樹：ディジタル回路演習ノート，コロナ社（2001）
23) 柴山 潔：コンピュータサイエンスで学ぶ論理回路とその設計，近代科学社（1999）

演習問題解答

1章

【1】 モールス符号では，通信中に出現頻度の高いアルファベットに短点を，低いアルファベットに長点を対応付けている。短点と長点は人間によるスイッチの操作を通して生成されるので，このような対応付けを導入することで，出現頻度の高いアルファベットに対応する符号をより多く生成できる。

【2】（1） $(110)_2 = 1 \cdot 2^2 + 1 \cdot 2^1 + 0 \cdot 2^0 = 4 + 2 = (6)_{10}$
（2） $(1011)_2 = 1 \cdot 2^3 + 0 \cdot 2^2 + 1 \cdot 2^1 + 1 \cdot 2^0 = 8 + 2 + 1 = (11)_{10}$
（3） $(11001)_2 = 1 \cdot 2^4 + 1 \cdot 2^3 + 0 \cdot 2^2 + 0 \cdot 2^1 + 1 \cdot 2^0 = 16 + 8 + 1 = (25)_{10}$

【3】（1） **解図1.1** 参照。 （2） **解図1.2** 参照。 （3） **解図1.3** 参照。

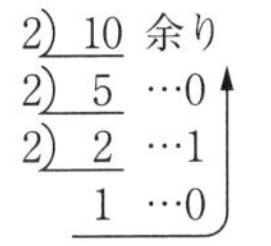

```
2) 10  余り              2) 13  余り              2) 21  余り
2)  5  …0 ↑             2)  6  …1 ↑             2) 10  …1 ↑
2)  2  …1                2)  3  …0                2)  5  …0
    1  …0                    1  …1                2)  2  …1
                                                      1  …0

(10)₁₀ = (1010)₂         (13)₁₀ = (1101)₂         (21)₁₀ = (10101)₂

   解図1.1                   解図1.2                   解図1.3
```

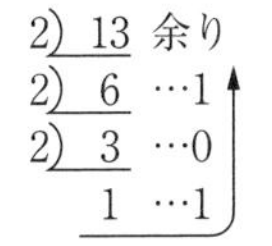

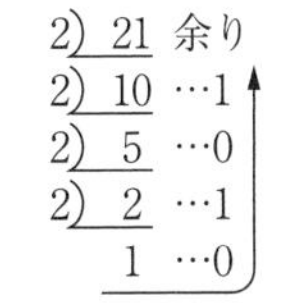

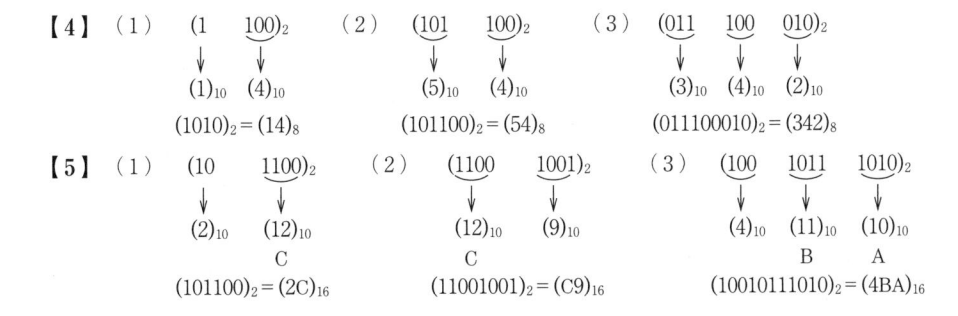

【4】（1） $(1\ \underbrace{100})_2$ （2） $(\underbrace{101}\ \underbrace{100})_2$ （3） $(\underbrace{011}\ \underbrace{100}\ \underbrace{010})_2$
　　　　↓　 ↓　　　　　　↓　　↓　　　　　　　↓　　↓　　↓
　　　$(1)_{10}\ (4)_{10}$　　　$(5)_{10}\ (4)_{10}$　　　$(3)_{10}\ (4)_{10}\ (2)_{10}$
　　　$(1010)_2 = (14)_8$　　$(101100)_2 = (54)_8$　　$(011100010)_2 = (342)_8$

【5】（1） $(\underbrace{10}\ \underbrace{1100})_2$ （2） $(\underbrace{1100}\ \underbrace{1001})_2$ （3） $(\underbrace{100}\ \underbrace{1011}\ \underbrace{1010})_2$
　　　　↓　　↓　　　　　　↓　　　↓　　　　　　↓　　↓　　↓
　　　$(2)_{10}\ (12)_{10}$　　$(12)_{10}\ (9)_{10}$　　$(4)_{10}\ (11)_{10}\ (10)_{10}$
　　　　　　　C　　　　　　　C　　　　　　　　　　　B　　　A
　　　$(101100)_2 = (2C)_{16}$　$(11001001)_2 = (C9)_{16}$　$(10010111010)_2 = (4BA)_{16}$

2章

【1】（1） **解図2.1** 参照。 （2） **解図2.2** 参照。 （3） **解図2.3** 参照。

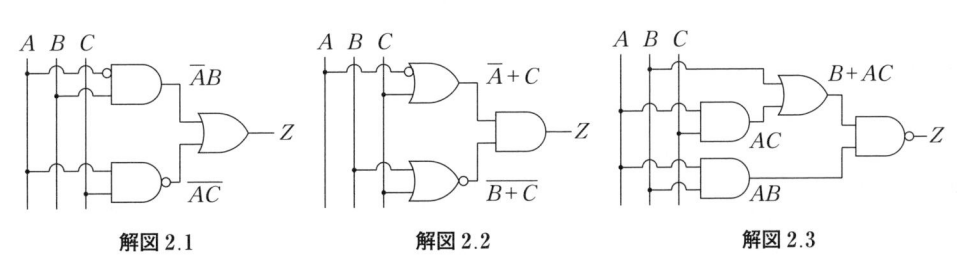

解図2.1　　　　　　解図2.2　　　　　　解図2.3

【2】（a）解表2.1参照。　　（b）解表2.2参照。　　（c）解表2.3参照。

解表2.1

A	B	C	A+B	A+C	Z
0	0	0	0	0	0
0	0	1	0	1	0
0	1	0	1	0	0
0	1	1	1	1	1
1	0	0	1	1	1
1	0	1	1	1	1
1	1	0	1	1	1
1	1	1	1	1	1

解表2.2

A	B	C	$\bar{A}$	$\bar{B}$	AB	$\overline{AB}$	BC	Z
0	0	0	1	1	0	1	0	1
0	0	1	1	1	0	1	0	1
0	1	0	1	0	0	0	0	0
0	1	1	1	0	0	0	1	1
1	0	0	0	1	0	0	0	0
1	0	1	0	1	0	0	0	0
1	1	0	0	0	1	0	0	1
1	1	1	0	0	1	0	1	1

解表2.3

A	B	C	AC	B+AC	AB	Z
0	0	0	0	0	0	0
0	0	1	0	0	0	0
0	1	0	0	1	0	1
0	1	1	0	1	0	1
1	0	0	0	0	0	0
1	0	1	1	1	0	1
1	1	0	0	1	1	0
1	1	1	1	1	1	0

【3】（1）解図2.4参照。　　（2）解図2.5参照。　　（3）解図2.6参照。

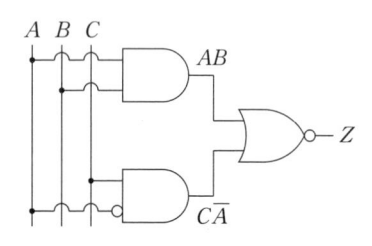

解図2.4

A	B	C	AB	$\bar{A}$	$C\bar{A}$	$AB+C\bar{A}$	Z
0	0	0	0	1	0	0	1
0	0	1	0	1	1	1	0
0	1	0	0	1	0	0	1
0	1	1	0	1	1	1	0
1	0	0	0	0	0	0	1
1	0	1	0	0	0	0	1
1	1	0	1	0	0	1	0
1	1	1	1	0	0	1	0

解図2.5

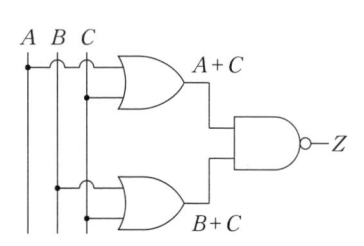

A	B	C	A+C	B+C	(A+C)(B+C)	Z
0	0	0	0	0	0	1
0	0	1	1	1	1	0
0	1	0	0	1	0	1
0	1	1	1	1	1	0
1	0	0	1	0	0	1
1	0	1	1	1	1	0
1	1	0	1	1	1	0
1	1	1	1	1	1	0

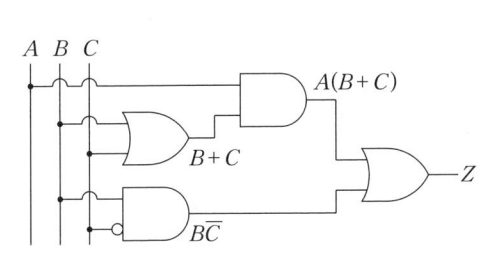

演習問題解答

A	B	C	$B+C$	$A(B+C)$	$\overline{C}$	$B\overline{C}$	Z
0	0	0	0	0	1	0	0
0	0	1	1	0	0	0	0
0	1	0	1	0	1	1	1
0	1	1	1	0	0	0	0
1	0	0	0	0	1	0	0
1	0	1	1	1	0	0	1
1	1	0	1	1	1	1	1
1	1	1	1	1	0	0	1

解図 2.6

3 章

【1】（1） 解図 3.1 参照。　（2） 解図 3.2 参照。　（3） 解図 3.3 参照。
（4） 解図 3.4 参照。

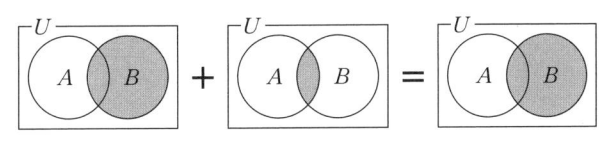

解図 3.1

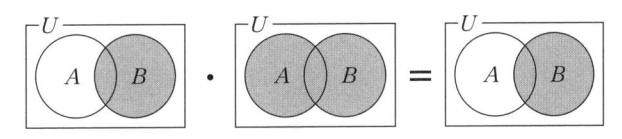

解図 3.2

解図 3.3

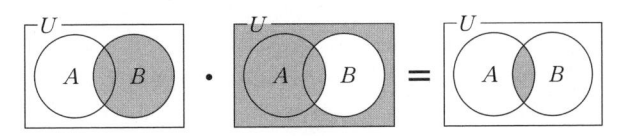

解図 3.4

【2】（1）　（左辺）$= A(B+\overline{B}) + \overline{A}B$　　　　　　　　$(\because\ X+\overline{X}=1)$
　　　　　　　　$= AB + A\overline{B} + \overline{A}B$
　　　　　　　　$= AB + A\overline{B} + AB + \overline{A}B$　　　$(\because\ X+X=X)$
　　　　　　　　$= A(B+\overline{B}) + (A+\overline{A})B$
　　　　　　　　$= A + B$　　　　　　　　　　　　　$(\because\ X+\overline{X}=1)$

（2）（左辺）$= AB + (A + \overline{A})\overline{B}$　　　　　（∵ $X + \overline{X} = 1$）

　　　　　　$= AB + A\overline{B} + \overline{A}\overline{B}$

　　　　　　$= AB + A\overline{B} + \overline{A}\overline{B} + A\overline{B}$　（∵ $X + X = X$）

　　　　　　$= A(B + \overline{B}) + (\overline{A} + A)\overline{B}$

　　　　　　$= A + \overline{B}$　　　　　　　　　　（∵ $X + \overline{X} = 1$）

（3）（左辺）$= A\overline{B} + BC + CA(B + \overline{B})$　（∵ $X + \overline{X} = 1$）

　　　　　　$= A\overline{B} + BC + ABC + A\overline{B}C$

　　　　　　$= A\overline{B} + A\overline{B}C + BC + ABC$

　　　　　　$= A\overline{B}(1 + C) + BC(1 + A)$

　　　　　　$= A\overline{B} + BC$　　　　　　　　（∵ $X + 1 = 1$）

（4）（左辺）$= AB(C + \overline{C}) + ABC + A\overline{B}$　（∵ $X + \overline{X} = 1$）

　　　　　　$= ABC + AB\overline{C} + ABC + A\overline{B}$

　　　　　　$= ABC + AB\overline{C} + A\overline{B}$　　　（∵ $X + X = X$）

　　　　　　$= AB(C + \overline{C}) + A\overline{B}$

　　　　　　$= AB + A\overline{B}$　　　　　　　　（∵ $X + \overline{X} = 1$）

　　　　　　$= A(B + \overline{B})$

　　　　　　$= A$　　　　　　　　　　　　　（∵ $X + \overline{X} = 1$）

（5）（左辺）$= AB\overline{C} + ABC + \overline{A}BC$

　　　　　　$= AB\overline{C} + ABC + \overline{A}BC + ABC$　（∵ $X + X = X$）

　　　　　　$= AB(C + \overline{C}) + (\overline{A} + A)BC$

　　　　　　$= AB + BC$　　　　　　　　　　（∵ $X + \overline{X} = 1$）

（6）（左辺）$= A(B + \overline{B}) + \overline{A}\overline{B}$

　　　　　　$= A + \overline{A}\overline{B}$　　　　　　　　（∵ $X + \overline{X} = 1$）

　　　　　　$= (A + \overline{A})(A + \overline{B})$　　　　　（∵ $X + YZ = (X + Y)(X + Z)$：分配則）

　　　　　　$= A + \overline{B}$　　　　　　　　　　（∵ $X + \overline{X} = 1$）

（7）（左辺）$= AC + A\overline{C} + \overline{A}BC + \overline{A}B\overline{C}$

　　　　　　$= A(C + \overline{C}) + \overline{A}B(C + \overline{C})$

　　　　　　$= A + \overline{A}B$　　　　　　　　　（∵ $X + \overline{X} = 1$）

　　　　　　$= (A + \overline{A})(A + B)$　　　　　　（∵ $X + YZ = (X + Y)(X + Z)$：分配則）

　　　　　　$= A + B$　　　　　　　　　　　（∵ $X + \overline{X} = 1$）

（8）（左辺）$= (\overline{\overline{AB}}) \cdot (\overline{AB})$　　　　　　（∵ $\overline{X} + Y = \overline{X}\overline{Y}$：ド・モルガンの定理）

　　　　　　$= (\overline{\overline{A}} + \overline{\overline{B}})(\overline{A} + \overline{B})$　　　　　（∵ $\overline{XY} = \overline{X} + \overline{Y}$：ド・モルガンの定理）

　　　　　　$= (A + B)(\overline{A} + \overline{B})$　　　　　　（∵ $\overline{\overline{X}} = X$：復帰則）

　　　　　　$= \overline{A}A + A\overline{B} + BA + B\overline{B}$

　　　　　　$= A\overline{B} + AB$　　　　　　　　　（∵ $X\overline{X} = 0$）

（9）（左辺）$= (\overline{\overline{AB}})(\overline{\overline{AC}})$　　　　　　（∵ $\overline{X} + Y = \overline{X}\overline{Y}$：ド・モルガンの定理）

　　　　　　$= (AB)(\overline{\overline{AC}})$　　　　　　　　（∵ $\overline{\overline{X}} = X$：復帰則）

　　　　　　$= (AB)(\overline{A} + \overline{C})$　　　　　　　（∵ $\overline{XY} = \overline{X} + \overline{Y}$：ド・モルガンの定理）

　　　　　　$= AB(A + \overline{C})$　　　　　　　　（∵ $\overline{\overline{X}} = X$：復帰則）

演習問題解答　95

$$= ABA + AB\overline{C}$$
$$= AB + AB\overline{C} \qquad (\because \quad XX = X)$$
$$= AB(1 + \overline{C})$$
$$= AB \qquad (\because \quad X + 1 = 1)$$

4章

【1】(a)〜(e) 略図

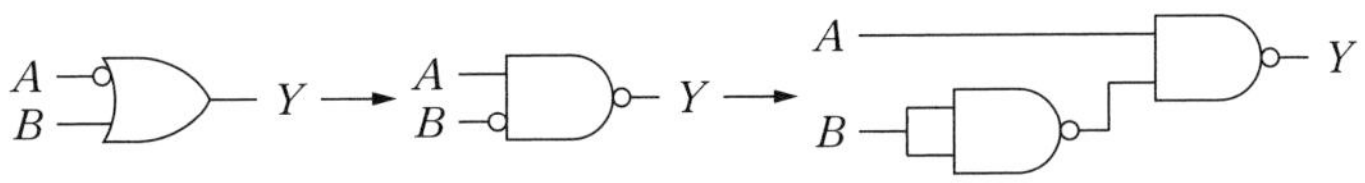

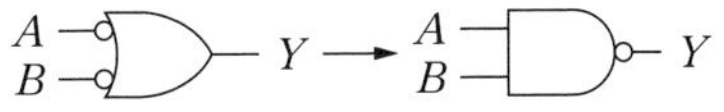

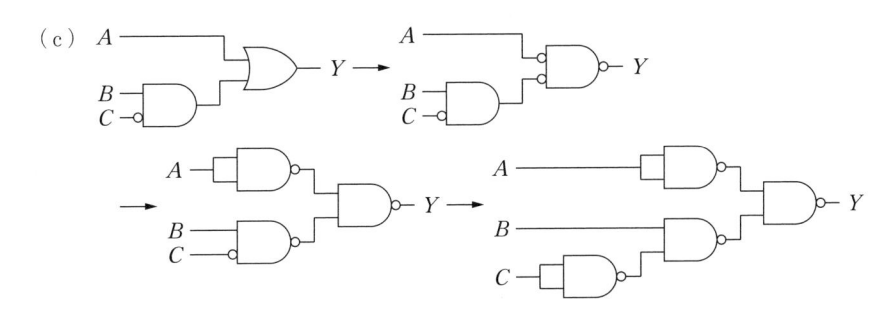

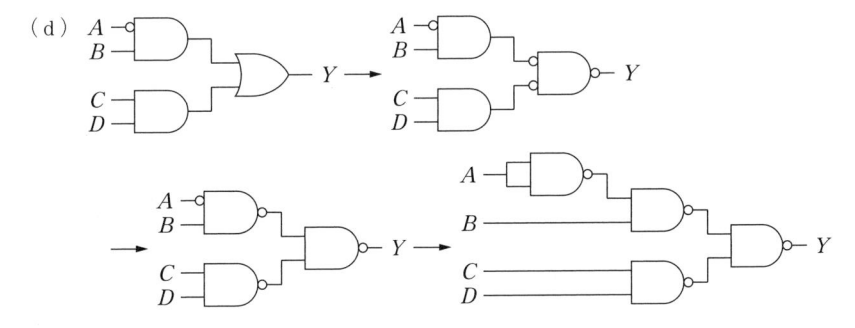

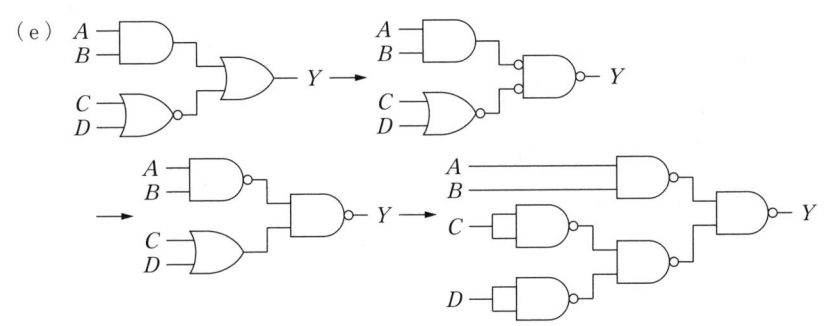

(f), (2)(a)-(e) 論理回路図

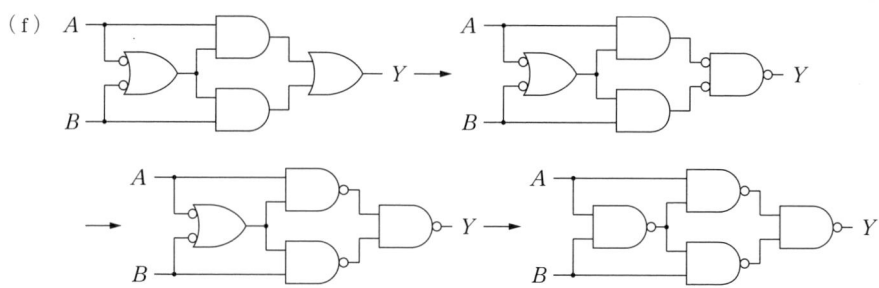

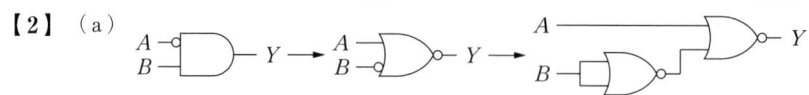

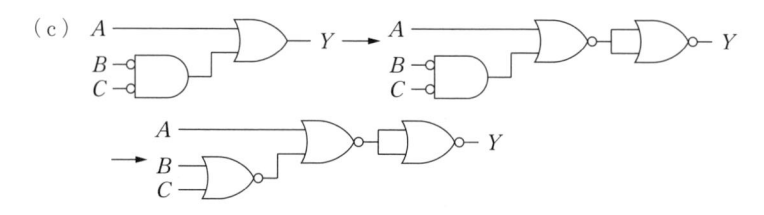

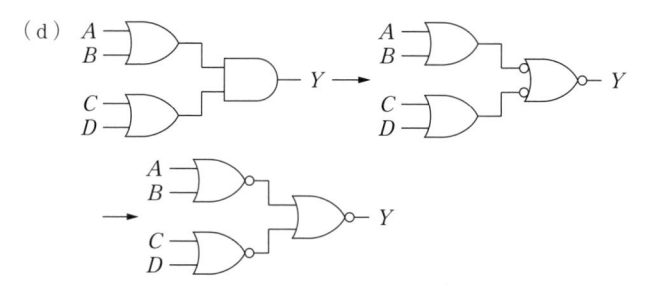

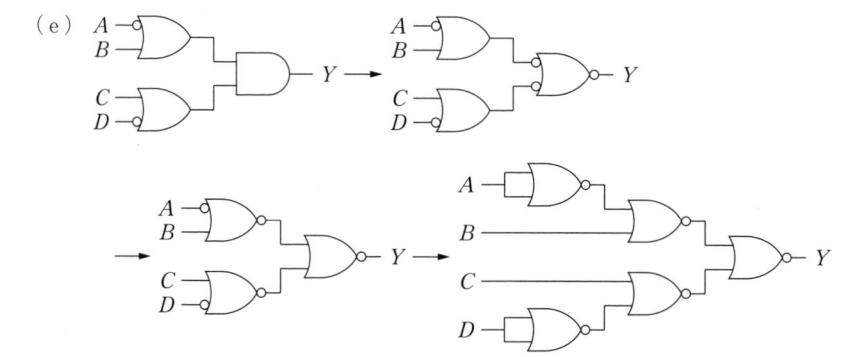

(f) 回路図 → 回路図 → 回路図 → 回路図

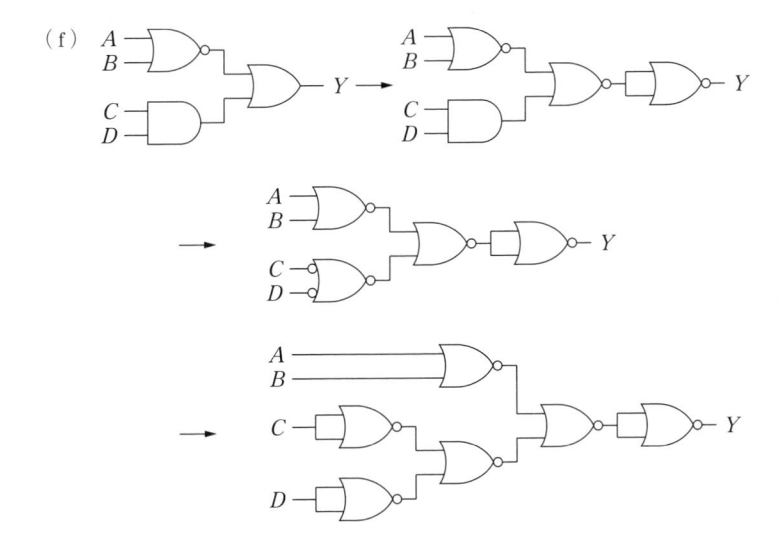

5章

【1】 (1) (a) 出力 $Z=1$ となるのは入力 $(A, B, C) = (0, 1, 1), (1, 0, 1), (1, 1, 0), (1, 1, 1)$ のときであり，対応する最小項は順に $\overline{A}BC, A\overline{B}C, AB\overline{C}, ABC$ となる。したがって得られる加法標準形は

$$Z = \overline{A}BC + A\overline{B}C + AB\overline{C} + ABC$$

(b) 出力 $Z=1$ となるのは入力 $(A, B, C) = (0, 0, 1), (0, 1, 0), (1, 0, 0), (1, 1, 1)$ のときであり，対応する最小項は順に $\overline{A}\overline{B}C, \overline{A}B\overline{C}, A\overline{B}\overline{C}, ABC$ となる。したがって得られる加法標準形は

$$Z = \overline{A}\overline{B}C + \overline{A}B\overline{C} + A\overline{B}\overline{C} + ABC$$

(c) 出力 $Z=1$ となるのは入力 $(A, B, C) = (0, 0, 1), (0, 1, 1), (1, 0, 0), (1, 1, 0)$ のときであり，対応する最小項は順に $\overline{A}\overline{B}C, \overline{A}BC, A\overline{B}\overline{C}, AB\overline{C}$ となる。したがって得られる加法標準形は

$$Z = \overline{A}\overline{B}C + \overline{A}BC + A\overline{B}\overline{C} + AB\overline{C}$$

(2) (a) 出力 $Z=0$ となるのは入力 $(A, B, C) = (0, 0, 0), (0, 0, 1), (0, 1, 0), (1, 0, 0)$ のときであり，対応する最大項は順に $(A+B+C), (A+B+\overline{C}), (A+\overline{B}+C), (\overline{A}+B+C)$ となる。したがって，得られる乗法標準形は

$$Z = (A+B+C)(A+B+\overline{C})(A+\overline{B}+C)(\overline{A}+B+C)$$

(b) 出力 $Z=0$ となるのは入力 $(A, B, C) = (0, 0, 0), (0, 1, 1), (1, 0, 1), (1, 1, 0)$ のときであり，対応する最大項は順に $(A+B+C), (A+\overline{B}+\overline{C}), (\overline{A}+B+\overline{C}), (\overline{A}+\overline{B}+C)$ となる。したがって，得られる乗法標準形は

$$Z = (A+B+C)(A+\overline{B}+\overline{C})(\overline{A}+B+\overline{C})(\overline{A}+\overline{B}+C)$$

(c) 出力 $Z=0$ となるのは入力 $(A, B, C) = (0, 0, 0), (0, 1, 0), (1, 0, 1), (1, 1, 1)$ のときであり，対応する最大項は順に $(A+B+C), (A+\overline{B}+C), (\overline{A}+B+\overline{C}), (\overline{A}+\overline{B}+\overline{C})$ となる。したがって，得られる乗法標準形は

$$Z = (A+B+C)(A+\overline{B}+C)(\overline{A}+B+\overline{C})(\overline{A}+\overline{B}+\overline{C})$$

【2】（1） 得られた真理値表を**解表 5.1**に示す。出力 $Z=1$ となるのは入力 $(A, B, C) = (0, 1, 0), (1, 0, 0), (1, 1, 0)$ のときであり，対応する最小項は順に $\overline{A}B\overline{C}, A\overline{B}\overline{C}, AB\overline{C}$ となる。したがって，得られる加法標準形は

$$Z = \overline{A}B\overline{C} + A\overline{B}\overline{C} + AB\overline{C}$$

解表 5.1

対応する	入力			出力
10進数	A	B	C	Z
0	0	0	0	0
1	0	0	1	0
2	0	1	0	1
3	0	1	1	0
4	1	0	0	1
5	1	0	1	0
6	1	1	0	1
7	1	1	1	0

解表 5.2

対応する	入力			出力
10進数	A	B	C	Z
0	0	0	0	0
1	0	0	1	0
2	0	1	0	1
3	0	1	1	1
4	1	0	0	0
5	1	0	1	1
6	1	1	0	0
7	1	1	1	1

（2） 得られた真理値表を**解表 5.2**に示す。出力 $Z=1$ となるのは入力 $(A, B, C) = (0, 1, 0), (0, 1, 1), (1, 0, 1), (1, 1, 1)$ のときであり，対応する最小項は順に $\overline{A}B\overline{C}, \overline{A}BC, A\overline{B}C, ABC$ となる。したがって，得られる加法標準形は

$$Z = \overline{A}B\overline{C} + \overline{A}BC + A\overline{B}C + ABC$$

6章

【1】（1） 最小項 $\overline{A}B\overline{C}, \overline{A}BC, AB\overline{C}, ABC$ を順に①，②，③，④と呼ぶ。このとき，与えられた論理式を表すカルノー図を**解図 6.1**に示す。図の各ループに対応する論理式は以下のように導かれる：

①，④のループでは $B=1, C=1$ であれば A は任意でよいので，このループは論理式 BC で表せる。③，④のループでは $A=1, B=1$ であれば C は任意でよいので，このループは論理式 AB で表せる。②，④のループでは $A=1, C=1$ であれば B は任意でよいので，このループは論理式 AC で表せる。以上より，与えられた論理式は $Z = BC + AB + AC$ と簡単化される。

（2） 最小項 $\overline{A}\overline{B}C, \overline{A}BC, \overline{A}B\overline{C}, \overline{A}BC, ABC, A\overline{B}C$ を順に①，②，③，④，⑤，⑥と呼ぶ。このとき，与えられた論理式を表すカルノー図を**解図 6.2**に示す。図の各ループに対応する論理式は以下のように導かれる：

①，②，④，⑤のループでは $B=1$ であれば A, C は任意でよいので，このループは論理式 B で表せる。③，④，⑤，⑥のループでは $C=1$ であれば A, B は任意でよいので，このループは論

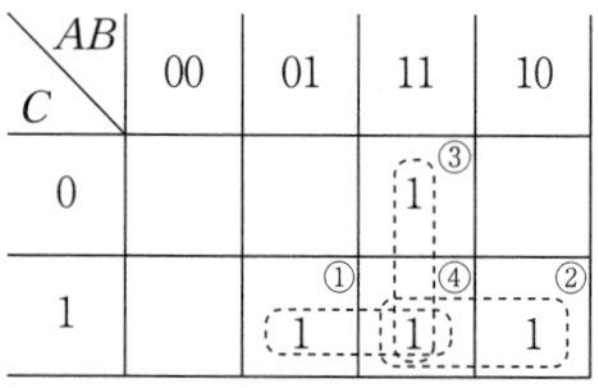

解図 6.1 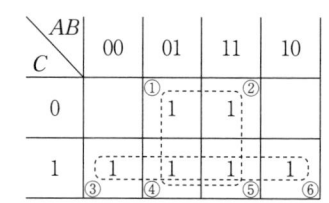　解図 6.2 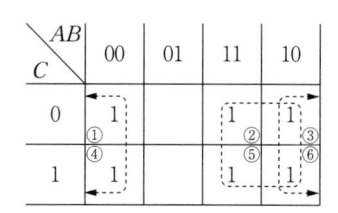　解図 6.3

理式 C で表せる。以上より，与えられた論理式は $Z=B+C$ と簡単化される。

（3） 最小項 $\overline{ABC}$, $A\overline{BC}$, $\overline{A}\overline{B}C$, $\overline{A}BC$, ABC, $A\overline{B}C$ を順に ①, ②, ③, ④, ⑤, ⑥ と呼ぶ。このとき，与えられた論理式を表すカルノー図を**解図 6.3** に示す。図の各ループに対応する論理式は以下のように導かれる：

②, ③, ⑤, ⑥ のループでは $A=1$ であれば B, C は任意でよいので，このループは論理式 A で表せる。①, ③, ④, ⑥ のループでは $B=0$ であれば A, C は任意でよいので，このループは論理式 $\overline{B}$ で表せる。以上より，与えられた論理式は $Z=A+\overline{B}$ と簡単化される。

【2】（1） 最小項 $AB\overline{C}D$, $ABCD$, $\overline{A}BCD$, $ABCD$ を順に ①, ②, ③, ④ と呼ぶ。このとき，与えられた論理式を表すカルノー図を**解図 6.4** に示す。図の各ループに対応する論理式は以下のように導かれる：

①, ② のループでは $A=1$, $B=1$, $C=0$ であれば D は任意でよいので，このループは論理式 $AB\overline{C}$ で表せる。③, ④ のループでは $B=1$, $C=1$, $D=1$ であれば A は任意でよいので，このループは論理式 BCD で表せる。以上より，与えられた論理式は $Z=AB\overline{C}+BCD$ と簡単化される。

（2） 最小項 $\overline{A}\overline{B}\overline{C}D$, $\overline{A}\overline{B}CD$, $\overline{A}B\overline{C}D$, $\overline{A}BCD$, $\overline{A}B\overline{C}D$ を順に ①, ②, ③, ④, ⑤ と呼ぶ。このとき，与えられた論理式を表すカルノー図を**解図 6.5** に示す。図の各ループに対応する論理式は以下のように導かれる：

①, ②, ④, ⑤ のループでは $A=0$, $D=1$ であれば B, C は任意でよいので，このループは論理式 $\overline{A}D$ で表せる。①, ③ のループでは $B=0$, $C=0$, $D=1$ であれば A は任意でよいので，このループは論理式 $\overline{B}\overline{C}D$ で表せる。以上より，与えられた論理式は $Z=\overline{A}D+\overline{B}\overline{C}D$ と簡単化される。

（3） 最小項 $AB\overline{C}\overline{D}$, $A\overline{B}\overline{C}\overline{D}$, $\overline{A}B\overline{C}D$, $\overline{A}BCD$, $ABCD$, $AB\overline{C}D$, $ABCD$, $A\overline{B}C\overline{D}$ を順に ①, ②, ③, ④, ⑤, ⑥, ⑦, ⑧ と呼ぶ。このとき，与えられた論理式を表すカルノー図を**解図 6.6** に示す。図の各ループに対応する論理式は以下のように導かれる：

①, ②, ⑤, ⑥ のループでは $A=1$, $C=0$ であれば B, D は任意でよいので，このループは論理式 $A\overline{C}$ で表せる。②, ⑥, ⑦, ⑧ のループでは $A=1$, $B=0$ であれば C, D は任意でよいので，このループは論理式 $A\overline{B}$ で表せる。③, ④, ⑤, ⑥ のループでは $C=0$, $D=1$ であれば A, B は任意でよいので，このループは論理式 $\overline{C}D$ で表せる。以上より，与えられた論理式は $Z=A\overline{C}+A\overline{B}+\overline{C}D$ と簡単化される。

AB\\CD	00	01	11	10
00			①1	
01			②1	
11			③1 ④1	
10				

解図 6.4

AB\\CD	00	01	11	10
00				
01	1①	1②		1③
11	1④	1⑤		
10				

解図 6.5

AB\\CD	00	01	11	10
00			1	1
01	1③	1④	1⑤	1⑥
11				1⑦
10				1⑧

解図 6.6

7章

【1】（1）圧縮表を**解表**7.1（a）に示す。この表から主項 $\overline{A}\overline{C}$, $\overline{A}BD$, BCD が導出される。この問題の主項表を表（b）に示す。この表で列 0, 1, 4, 15 は特異列である。したがって行 $\overline{A}\overline{C}$ と BCD は必須行であり，主項 $\overline{A}\overline{C}$ と BCD は必須主項である。これらの必須行の論理和が主項表のすべての列を被覆するので，与えられた論理関数は次式のように簡単化される。

$$Z = \overline{A}\overline{C} + BCD$$

解表7.1 問題【1】（1）の解答

（a）圧縮表

a						b						c				
A	B	C	D	10進		A	B	C	D	10進		A	B	C	D	10進
0	0	0	0	0	×	0	0	0	*	0,1	×	0	*	0	*	0,1,4,5	○
0	0	0	1	1	×	0	*	0	0	0,4	×	0	*	0	*	0,4,1,5	○
0	1	0	0	4	×	0	*	0	1	1,5	×					
0	1	0	1	5	×	0	1	0	*	4,5	×					
0	1	1	1	7	×	0	1	*	1	5,7	○					
1	1	1	1	15	×	*	1	1	1	7,15	○					

（b）主項表

	0	1	4	5	7	15	
$\overline{A}\overline{C}$	○	○	○	○			e
$\overline{A}BD$				○	○		
BCD					○	○	e
	d	d	d			d	

（2）圧縮表を**解表**7.2（a）に示す。この表から主項 $\overline{A}\overline{B}C$, $\overline{A}B\overline{C}$, $B\overline{C}D$, $\overline{B}CD$, $A\overline{B}D$ が導出される。この問題の主項表を表（b）に示す。この表で列 2, 5, 12, 9 は特異列である。したがって行 $\overline{A}\overline{B}C$, $\overline{A}B\overline{C}$, $B\overline{C}D$, $A\overline{B}D$ は必須行であり，主項 $\overline{A}\overline{B}C$, $\overline{A}B\overline{C}$, $B\overline{C}D$, $A\overline{B}D$ は必須主項である。これらの必須行の論理和が主項表のすべての列を被覆するので，与えられた論理関数は次式のように簡単化される。

$$Z = \overline{A}\overline{B}C + \overline{A}B\overline{C} + B\overline{C}D + A\overline{B}D$$

解表7.2 問題【1】（2）の解答

（a）圧縮表

a						b					
A	B	C	D	10進		A	B	C	D	10進	
0	0	1	0	2	×	0	0	1	*	2,3	○
0	1	0	0	4	×	0	1	0	*	4,5	○
0	0	1	1	3	×	*	1	0	0	4,12	○
0	1	0	1	5	×	*	0	1	1	3,11	○
1	1	0	0	12	×	1	0	*	1	9,11	○
1	0	0	1	9	×						
1	0	1	1	11	×						

解表 7.2 （続き）
(b) 主項表

	2	4	3	5	12	9	11	
$\overline{A}\overline{B}C$	○		○					e
$\overline{A}B\overline{C}$		○		○				e
$B\overline{C}\overline{D}$		○			○			e
$\overline{B}CD$				○			○	
$A\overline{B}D$						○	○	e
	d			d	d	d		

（3）圧縮表を**解表 7.3**（a）に示す。この表から主項 $\overline{A}B$, $A\overline{B}$, $B\overline{C}D$, $A\overline{C}D$ が導出される。この問題の主項表を表（b）に示す。この表で列 4, 8, 6, 10, 7, 11 は特異列である。したがって行 $\overline{A}B$, $A\overline{B}$ は必須行であり，主項 $\overline{A}B$, $A\overline{B}$ は必須主項である。これらの必須行と，行 $B\overline{C}D$ または $A\overline{C}D$ からの論理和が主項表のすべての列を被覆するので，与えられた論理関数は次式のように簡単化される。

$$Z = \overline{A}B + A\overline{B} + B\overline{C}D \quad \text{または} \quad Z = \overline{A}B + A\overline{B} + A\overline{C}D$$

解表 7.3 問題【1】（3）の解答
(a) 圧縮表

a						b						c					
A	B	C	D	10進		A	B	C	D	10進		A	B	C	D	10進	
0	1	0	0	4	×	0	1	0	*	4, 5	×	0	1	*	*	4, 5, 6, 7	○
1	0	0	0	8	×	0	1	*	0	4, 6	×	0	1	*	*	4, 5, 6, 7	○
0	1	0	1	5	×	1	0	0	*	8, 9	×	1	0	*	*	8, 9, 10, 11	○
0	1	1	0	6	×	1	0	*	0	8, 10	×	1	0	*	*	8, 10, 9, 11	○
1	0	0	1	9	×	0	1	*	1	5, 7	×						
1	0	1	0	10	×	*	1	0	1	5, 13	○						
0	1	1	1	7	×	0	1	1	*	6, 7	×						
1	0	1	1	11	×	1	0	*	1	9, 11	×						
1	1	0	1	13	×	1	*	0	1	9, 13	○						
						1	0	1	*	10, 11	×						

(b) 主項表

	4	8	5	6	9	10	7	11	13	
$\overline{A}B$	○		○	○			○			e
$A\overline{B}$		○			○	○		○		e
$B\overline{C}D$			○						○	
$A\overline{C}D$					○				○	
	d	d	d		d	d	d			

【2】（1）圧縮表を**解表 7.4**（a）に示す。この表から主項 $\overline{B}\overline{D}$, $\overline{A}\overline{B}C$, $\overline{B}C\overline{D}$, $A\overline{B}D$, ACD が導出される。この問題の主項表を表（b）に示す。この表で列 0, 8, 2, 5 は特異列である。したがって行 $\overline{B}\overline{D}$, $\overline{B}C\overline{D}$ は必須行であり，主項 $\overline{B}\overline{D}$, $\overline{B}C\overline{D}$ は必須主項である。しかしながらこれら必須行の論理和は，主項表のすべての列を被覆しない。この表の特異列 0, 8, 2, 5 と必須行 $\overline{B}\overline{D}$,

$B\overline{C}D$ およびこれらの必須行で被覆される列 10, 13 を除去して得られる表を表（ c ）に示す。この表で，行 ACD は行 $A\overline{B}C$ および行 ABD を支配する。支配される行 $A\overline{B}C$，ABD を除去して得られる表を表（ d ）に示す。この表で，列 11 は列 15 を支配し，列 15 も列 11 を支配する。どちらの列を除去しても結果は同じなので，列 11 を除去して得られる表を表（ e ）に示す。この表で列 15 は二次特異列である。したがって行 ACD は二次必須行であり，主項 ACD は二次必須主項である。これらの二次特異列と二次必須行を除去すれば，すべての行と列の除去が完了し，この問題での簡約化の手順が終了する。以上の手順により主項 $\overline{B}\overline{D}$，$B\overline{C}D$，ACD が選ばれた。表（ b ）の主項表から，これらに対応する必須行の論理和が主項表のすべての列を被覆するので，与えられた論理関数は次式のように簡単化される。

$$Z = \overline{B}\overline{D} + B\overline{C}D + ACD$$

解表 7.4 問題【2】（1）の解答

（a）圧縮表

	a						b						c				
A	B	C	D	10進		A	B	C	D	10進		A	B	C	D	10進	
0	0	0	0	0	×	*	0	0	0	0, 8	×	*	0	*	0	0, 8, 2, 10	○
1	0	0	0	8	×	0	0	*	0	0, 2	×	*	0	*	0	0, 2, 8, 10	○
0	0	1	0	2	×	1	0	*	0	8, 10	×						
1	0	1	0	10	×	*	0	1	0	2, 10	×						
0	1	0	1	5	×	1	0	1	*	10, 11	○						
1	1	0	1	13	×	*	1	0	1	5, 13	○						
1	0	1	1	11	×	1	1	*	1	13, 15	○						
1	1	1	1	15	×	1	*	1	1	11, 15	○						

（b）主項表

	0	8	2	10	5	13	11	15	
$\overline{B}\overline{D}$	○	○	○	○					e
$A\overline{B}C$				○			○		
$B\overline{C}D$					○	○			e
ABD						○		○	
ACD							○	○	
	d	d	d	c	d	c			

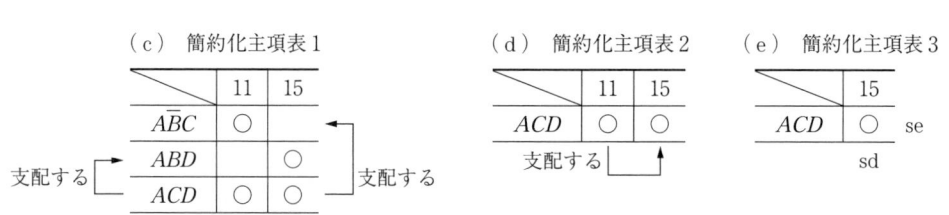

（c）簡約化主項表 1

	11	15
$A\overline{B}C$	○	
ABD		○
ACD	○	○

支配する ← → 支配する

（d）簡約化主項表 2

	11	15
ACD	○	○

支配する

（e）簡約化主項表 3

	15
ACD	○	se

sd

（2）圧縮表を**解表 7.5**（a）に示す。この表から主項 BD，$\overline{AB}\overline{D}$，$\overline{AC}\overline{D}$，$\overline{A}BC$，$A\overline{B}C$，$ACD$ が導出される。この問題の主項表を表（b）に示す。この表で列 13, 15 は特異列である。したがって行 BD は必須行であり，主項 BD は必須主項である。しかしながらこの必須行のみでは，主項表のすべての列を被覆しない。この表の特異列 13, 15 と必須行 BD およびこの必須行で被覆さ

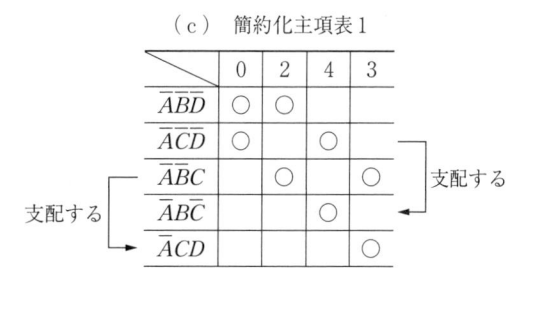

れる列 5, 7 を除去して得られる表を表（c）に示す。この表で行 $\overline{ACD}$ は行 $\overline{ABC}$ を支配し，行 $\overline{ABC}$ は行 $\overline{ACD}$ を支配する。支配される行 $\overline{ABC}$, $\overline{ACD}$ を除去して得られる表を表（d）に示す。この表で，列 0 は列 4 を支配し，列 2 は列 3 を支配する。支配する列 0, 2 を除去して得られる表を表（e）に示す。この表で列 4, 3 は二次特異列である。したがって行 $\overline{ACD}$, $\overline{ABC}$ は二次必須行であり，主項 $\overline{ACD}$, $\overline{ABC}$ は二次必須主項である。これらの二次特異列と二次必須行を除去すれば，すべての行と列の除去が完了し，この問題での簡約化の手順が終了する。以上の手順により主項 BD, $\overline{ACD}$, $\overline{ABC}$ が選ばれた。表（b）の主項表から，これらに対応する必須行の論理和が主項表のすべての列を被覆するので，与えられた論理関数は次式のように簡単化される。

$$Z = BD + \overline{ACD} + \overline{ABC}$$

解表 7.5 問題【2】（2）の解答

（a）圧縮表

A	B	C	D	10進		A	B	C	D	10進		A	B	C	D	10進	
0	0	0	0	0	×	0	0	*	0	0, 2	○	*	1	*	1	5, 7, 13, 15	○
0	0	1	0	2	×	0	*	0	0	0, 4	○	*	1	*	1	5, 13, 7, 15	○
0	1	0	0	4	×	0	0	1	*	2, 3	○						
0	0	1	1	3	×	0	1	0	*	4, 5	○						
0	1	0	1	5	×	0	*	1	1	3, 7	○						
0	1	1	1	7	×	0	1	*	1	5, 7	×						
1	1	0	1	13	×	*	1	0	1	5, 13	×						
1	1	1	1	15	×	*	1	1	1	7, 15	×						
						1	1	*	1	13, 15	×						

（b）主項表

	0	2	4	3	5	7	13	15	
BD					○	○	○	○	e
$\overline{AB}\overline{D}$	○	○							
$\overline{A}\overline{C}D$	○			○					
$\overline{A}\overline{B}C$		○		○					
$\overline{A}B\overline{C}$			○		○				
$\overline{A}CD$				○		○			
				c	c	d	d		

（c）簡約化主項表 1

	0	2	4	3
$\overline{AB}\overline{D}$	○	○		
$\overline{A}\overline{C}D$	○			○
$\overline{A}\overline{B}C$		○		○
$\overline{A}B\overline{C}$			○	
$\overline{A}CD$				○

支配する（$\overline{A}\overline{B}C \leftrightarrow \overline{A}CD$）

（d）簡約化主項表 2

支配する ↓

	0	2	4	3
$\overline{AB}\overline{D}$	○	○		
$\overline{A}\overline{C}D$	○			○
$\overline{A}\overline{B}C$		○		○

支配する ↑

（e）簡約化主項表 3

	4	3	
$\overline{A}\overline{C}D$	○		se
$\overline{A}\overline{B}C$		○	se
	sd	sd	

（3）圧縮表を**解表 7.6**（a）に示す。この表から主項 $\overline{B}\overline{D}$, $\overline{A}\overline{B}\overline{C}$, $\overline{A}\overline{C}D$, $\overline{A}CD$, $\overline{A}BD$, $\overline{A}BC$, $AB\overline{C}$, BCD, ACD が導出される。この問題の主項表を表（b）に示す。この表で列 8 は特異列で

ある。したがって行 $\overline{B}\overline{D}$ は必須行であり，主項 $\overline{B}\overline{D}$ は必須主項である。しかしながらこの必須行のみでは，主項表のすべての列を被覆しない。この表の特異列8と必須行 $\overline{B}\overline{D}$ およびこの必須行で被覆される列0, 2, 10 を除去して得られる表を表（c）に示す。この表で行 $\overline{A}\overline{C}D$ は行 $\overline{A}\overline{B}C$ を支配し，行 $\overline{A}B\overline{C}$ は行 $\overline{A}C\overline{D}$ を支配し，行 ACD は行 $A\overline{B}C$ を支配する。支配される行 $\overline{A}\overline{B}C$, $\overline{A}C\overline{D}$, $A\overline{B}C$ を除去して得られる表を表（d）に示す。この表で列5は列1を支配し，列7は列6を支配し，列15は列11を支配する。支配する列5, 7, 15を除去して得られる表を表（e）に示す。この表で列1, 6, 11は二次特異列である。したがって行 $\overline{A}\overline{C}D$, $\overline{A}B\overline{C}$, ACD は二次必須行であり，主項 $\overline{A}\overline{C}D$, $\overline{A}B\overline{C}$, ACD は二次必須主項である。これらの二次特異列と二次必須行を除去すれば，すべての行と列の除去が完了し，この問題での簡約化の手順が終了する。以上の手順により主項 $\overline{B}\overline{D}$, $\overline{A}\overline{C}D$, $\overline{A}B\overline{C}$, ACD が選ばれた。表（b）の主項表から，これらに対応する必須行の論理和が主項表のすべての列を被覆するので，与えられた論理関数は次式のように簡単化される。

$$Z = \overline{B}\overline{D} + \overline{A}\overline{C}D + \overline{A}B\overline{C} + ACD$$

解表 7.6 問題【2】(3) の解答

(a) 圧縮表

A	B	C	D	10進		A	B	C	D	10進		A	B	C	D	10進	
0	0	0	0	0	×	0	0	0	*	0, 1	○	*	0	*	0	0, 2, 8, 10	○
0	0	0	1	1	×	0	0	*	0	0, 2	×	*	0	*	0	0, 8, 2, 10	○
0	0	1	0	2	×	*	0	0	0	0, 8	×						
1	0	0	0	8	×	0	*	0	1	1, 5	○						
0	1	0	1	5	×	0	*	1	0	2, 6	○						
0	1	1	0	6	×	*	0	1	0	2, 10	×						
1	0	1	0	10	×	1	0	*	0	8, 10	×						
0	1	1	1	7	×	0	1	*	1	5, 7	○						
1	0	1	1	11	×	0	1	1	*	6, 7	○						
1	1	1	1	15	×	1	0	1	*	10, 11	○						
						*	1	1	1	7, 15	○						
						1	*	1	1	11, 15	○						

(b) 主項表

	0	1	2	8	5	6	10	7	11	15	
$\overline{B}\overline{D}$	○		○	○			○				e
$\overline{A}\overline{B}C$	○	○									
$\overline{A}\overline{C}D$		○			○						
$\overline{A}C\overline{D}$			○			○					
$\overline{A}BD$					○			○			
$\overline{A}BC$						○		○			
$A\overline{B}\overline{C}$							○		○		
BCD								○		○	
ACD									○	○	
	c	c	d		c						

解表 7.6　（続き）

（c）簡約化主項表 1

	1	5	6	7	11	15
$\overline{A}\overline{B}C$						
$\overline{A}\overline{C}D$	○					
$\overline{A}C\overline{D}$			○			
$\overline{A}BD$		○		○		
$\overline{A}BC$			○	○		
$A\overline{B}C$					○	
BCD				○		○
ACD					○	○

支配する（→ $\overline{A}\overline{B}C$）
支配する（→ $\overline{A}C\overline{D}$）
支配する（→ $A\overline{B}C$）

（d）簡約化主項表 2

	1	5	6	7	11	15
$\overline{A}\overline{C}D$	○	○				
$\overline{A}BD$		○				
$\overline{A}BC$			○			
BCD				○		
ACD					○	○

支配する　支配する　支配する

（e）簡約化主項表 3

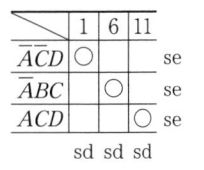

	1	6	11
$\overline{A}\overline{C}D$	○			se
$\overline{A}BC$		○		se
ACD			○	se

sd　sd　sd

8 章

【1】このエンコーダでは $I_0, I_1, I_2, \cdots, I_7$ のどれか一つに 1 が入力されたとき，対応する 2 進数 $y_2 y_1 y_0$ が出力される。その真理値表を**解表 8.1** に示す。表から，出力 y_0 が 1 となるのは，入力 $I_1=1$ または $I_3=1$ または $I_5=1$ または $I_7=1$ のときである。出力 y_1 が 1 となるのは，入力 $I_2=1$ または $I_3=1$ または $I_6=1$ または $I_7=1$ のときである。出力 y_2 が 1 となるのは，入力 $I_4=1$ または $I_5=1$ または $I_6=1$ または $I_7=1$ のときである。これらの入出力関係は次式で表される：

$$y_0 = I_1 + I_3 + I_5 + I_7, \quad y_1 = I_2 + I_3 + I_6 + I_7, \quad y_2 = I_4 + I_5 + I_6 + I_7$$

このエンコーダの実現回路を**解図 8.1** に示す。

解表 8.1　3 ビットエンコーダの真理値表

I_0	I_1	I_2	I_3	I_4	I_5	I_6	I_7	y_2	y_1	y_0
1	0	0	0	0	0	0	0	0	0	0
0	1	0	0	0	0	0	0	0	0	1
0	0	1	0	0	0	0	0	0	1	0
0	0	0	1	0	0	0	0	0	1	1
0	0	0	0	1	0	0	0	1	0	0
0	0	0	0	0	1	0	0	1	0	1
0	0	0	0	0	0	1	0	1	1	0
0	0	0	0	0	0	0	1	1	1	1

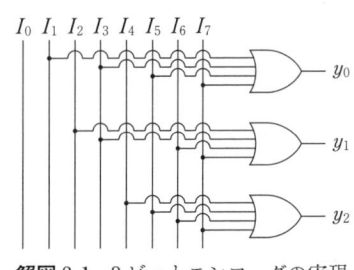

解図 8.1　3 ビットエンコーダの実現回路

【2】このデコーダでは 2 進数 $a_2 a_1 a_0$ が入力されたとき，$z_0, z_1, z_2, \cdots, z_7$ の中で対応する一つに 1 が出力される。その真理値表を**解表 8.2** に示す。表から，出力 $z_0=1$ となるのは，入力 $a_2=0$ かつ $a_1=0$ かつ $a_0=0$ のときである。出力 $z_1=1$ となるのは，入力 $a_2=0$ かつ $a_1=0$ かつ $a_0=1$ のときである。出力 $z_2=1$ となるのは，入力 $a_2=0$ かつ $a_1=1$ かつ $a_0=0$ のときである。出力 $z_3=1$ となるのは，入力 $a_2=0$ かつ $a_1=1$ かつ $a_0=1$ のときである。出力 $z_4=1$ となるのは，入力 $a_2=1$ かつ $a_1=0$ かつ $a_0=0$ のときである。出力 $z_5=1$ となるのは，入力 $a_2=1$ かつ $a_1=0$ かつ $a_0=1$ のときである。出力 $z_6=1$ となるのは，入力 $a_2=1$ かつ $a_1=1$ かつ $a_0=0$ のときである。出力 $z_7=1$ となるのは，入力 $a_2=1$ かつ $a_1=1$ かつ $a_0=1$ のときである。これらの入出力関係は次式で表される：

$$z_0 = \overline{a}_2 \cdot \overline{a}_1 \cdot \overline{a}_0, \quad z_1 = \overline{a}_2 \cdot \overline{a}_1 \cdot a_0, \quad z_2 = \overline{a}_2 \cdot a_1 \cdot \overline{a}_0, \quad z_3 = \overline{a}_2 \cdot a_1 \cdot a_0$$
$$z_4 = a_2 \cdot \overline{a}_1 \cdot \overline{a}_0, \quad z_5 = a_2 \cdot \overline{a}_1 \cdot a_0, \quad z_6 = a_2 \cdot a_1 \cdot \overline{a}_0, \quad z_7 = a_2 \cdot a_1 \cdot a_0$$

このデコーダの実現回路を**解図 8.2** に示す。

解表 8.2 3ビットデコーダの真理値表

a_2	a_1	a_0	z_0	z_1	z_2	z_3	z_4	z_5	z_6	z_7
0	0	0	1	0	0	0	0	0	0	0
0	0	1	0	1	0	0	0	0	0	0
0	1	0	0	0	1	0	0	0	0	0
0	1	1	0	0	0	1	0	0	0	0
1	0	0	0	0	0	0	1	0	0	0
1	0	1	0	0	0	0	0	1	0	0
1	1	0	0	0	0	0	0	0	1	0
1	1	1	0	0	0	0	0	0	0	1

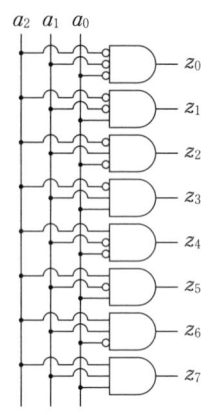

解図 8.2 3ビットデコーダの実現回路

【3】 このマルチプレクサでは選択信号 $(A, B) = (0, 0)$ のときチャネル 0 が，$(A, B) = (0, 1)$ のときチャネル 1 が，$(A, B) = (1, 0)$ のときチャネル 2 が，$(A, B) = (1, 1)$ のときチャネル 3 が指定され，そこから伝送される 2 ビットのデータが (y_0, y_1) に出力される。その真理値表を**解表 8.3** に示す。表から，$A = 0$ かつ $B = 0$ のとき $y_0 = d_{00}$，$y_1 = d_{01}$ であり，$y_0 = \overline{A} \cdot \overline{B} \cdot d_{00}$，$y_1 = \overline{A} \cdot \overline{B} \cdot d_{01}$ と表される。$A = 0$ かつ $B = 1$ のとき $y_0 = d_{10}$，$y_1 = d_{11}$ であり，$y_0 = \overline{A} \cdot B \cdot d_{10}$，$y_1 = \overline{A} \cdot B \cdot d_{11}$ と表される。$A = 1$ かつ $B = 0$ のとき $y_0 = d_{20}$，$y_1 = d_{21}$ であり，$y_0 = A \cdot \overline{B} \cdot d_{20}$，$y_1 = A \cdot \overline{B} \cdot d_{21}$ と表される。$A = 1$ かつ $B = 1$ のとき $y_0 = d_{30}$，$y_1 = d_{31}$ であり，$y_0 = A \cdot B \cdot d_{30}$，$y_1 = A \cdot B \cdot d_{31}$ と表される。これらを出力についてまとめると次式で表される：

$$y_0 = \overline{A} \cdot \overline{B} \cdot d_{00} + \overline{A} \cdot B \cdot d_{10} + A \cdot \overline{B} \cdot d_{20} + A \cdot B \cdot d_{30}$$
$$y_1 = \overline{A} \cdot \overline{B} \cdot d_{01} + \overline{A} \cdot B \cdot d_{11} + A \cdot \overline{B} \cdot d_{21} + A \cdot B \cdot d_{31}$$

このマルチプレクサの実現回路を**解図 8.3** に示す。

解表 8.3 4チャネル2ビットマルチプレクサの真理値表

A	B	y_0	y_1
0	0	d_{00}	d_{01}
0	1	d_{10}	d_{11}
1	0	d_{20}	d_{21}
1	1	d_{30}	d_{31}

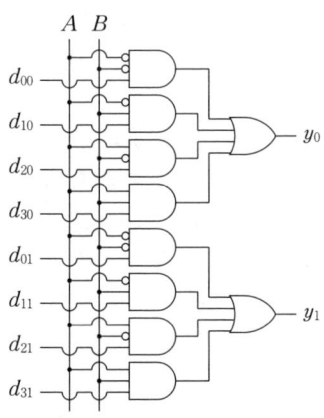

解図 8.3 4チャネル2ビットマルチプレクサの実現回路

【4】このデマルチプレクサでは，選択信号 $(A, B) = (0, 0)$ のときチャネル 0 が，$(A, B) = (0, 1)$ のときチャネル 1 が，$(A, B) = (1, 0)$ のときチャネル 2 が，$(A, B) = (1, 1)$ のときチャネル 3 が指定され，入力 (a_0, a_1) から伝送される 2 ビットのデータがそれに出力される。その真理値表を**解表 8.4** に示す。表から，$A = 0$ かつ $B = 0$ のとき $z_{00} = a_0$，$z_{01} = a_1$ である。$A = 0$ かつ $B = 1$ のとき $z_{10} = a_0$，$z_{11} = a_1$ である。$A = 1$ かつ $B = 0$ のとき $z_{20} = a_0$，$z_{21} = a_1$ である。$A = 1$ かつ $B = 1$ のとき $z_{30} = a_0$，$z_{31} = a_1$ である。これらの入出力関係は次式で表される：

$$z_{00} = \overline{A} \cdot \overline{B} \cdot a_0, \ z_{01} = \overline{A} \cdot \overline{B} \cdot a_1, \ z_{10} = \overline{A} \cdot B \cdot a_0, \ z_{11} = \overline{A} \cdot B \cdot a_1$$
$$z_{20} = A \cdot \overline{B} \cdot a_0, \ z_{21} = A \cdot \overline{B} \cdot a_1, \ z_{30} = A \cdot B \cdot a_0, \ z_{31} = A \cdot B \cdot a_1$$

このデマルチプレクサの実現回路を**解図 8.4** に示す。

解表 8.4 4 チャネル 2 ビットデマルチプレクサの真理値表

A	B	チャネル 0		チャネル 1		チャネル 2		チャネル 3	
		z_{00}	z_{01}	z_{10}	z_{11}	z_{20}	z_{21}	z_{30}	z_{31}
0	0	a_0	a_1	0	0	0	0	0	0
0	1	0	0	a_0	a_1	0	0	0	0
1	0	0	0	0	0	a_0	a_1	0	0
1	1	0	0	0	0	0	0	a_0	a_1

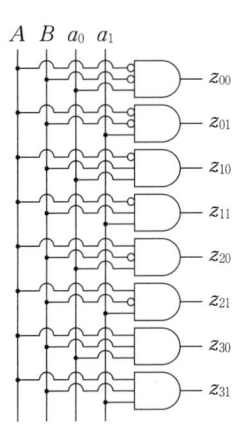

解図 8.4 4 チャネル 2 ビットデマルチプレクサの実現回路

9 章

【1】（1）**解図 9.1** 参照。

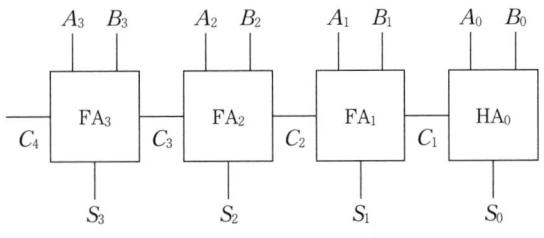

解図 9.1 4 ビット加算器

（2）（ⅰ）$(S_3 S_2 S_1 S_0) = (1110)$，$(C_4 C_3 C_2 C_1) = (0011)$
（ⅱ）$(S_3 S_2 S_1 S_0) = (1101)$，$(C_4 C_3 C_2 C_1) = (0110)$

【2】（1）$2 = (010)_2$，$7 = (111)_2$

（ⅰ）0010 の 2 の補数は $1101 + 0001 = 1110$ なので，$7 - 2 = 0111 + 1110 = 10101$ であり，最上位ビットである 4 桁目からの繰上りの 1 を捨てて 0101，結果は 5 となる。

(ⅱ) 0111の2の補数は 1000+0001=1001 なので 2−7=0010+1001=1011 であり，最上位ビットである4桁目からの繰上りがないので結果を負の数と解釈して 1011−0001=1010，これを各ビット反転すると 0101 となり，結果は−5となる．

（2） $8=(1000)_2$，　　$13=(1101)_2$

(ⅰ) 01000の2の補数は 10111+00001=11000 なので 13−8=01101+11000=100101 であり，最上位ビットである5桁目からの繰上りの1を捨てて 00101 となり，結果は5となる．

(ⅱ) 01101の2の補数は 10010+00001=10011 なので 8−13=01000+10011=11011 であり，最上位ビットである5桁目からの繰上りがないので結果を負の数と解釈して 11011−00001=11010，これを各ビット反転すると 00101 となり，結果は−5となる．

10章

【1】（1）**解図 10.1** 参照．

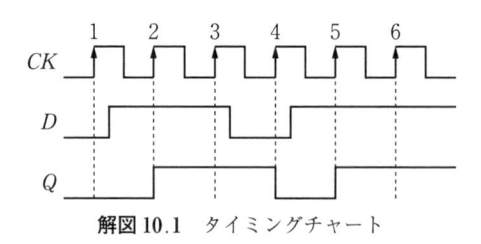

解図 10.1　タイミングチャート

（2）（ⅰ）$S=D$，$R=\overline{D}$ なので，つねに $S \neq R$ であることに注意すれば**解表 10.1** の特性表が得られる．

解表 10.1　特性表

CK	D	S	R	Q′
⎍	0	0	1	0
⎍	1	1	0	1
それ以外	x	x	x	Q

x：0でも1でもよい．

(ⅱ) $D=0$ のとき $Q'=0$，$D=1$ のとき $Q'=1$ となるので（ア）0，（イ）1

【2】（1）**解図 10.2** 参照．

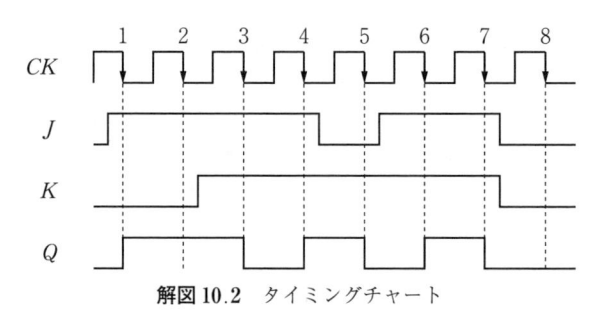

解図 10.2　タイミングチャート

(2) (ⅰ) **解表 10.2** 参照。

解表 10.2　特性表

CK	Q	J	K	$\overline{Q}$	S	R	Q'
	0	0	0	1	0	0	0
	0	0	1	1	0	0	0
	0	1	0	1	1	0	1
⎍	0	1	1	1	1	0	1
	1	0	0	0	0	0	1
	1	0	1	0	0	1	0
	1	1	0	0	0	0	1
	1	1	1	0	0	1	0
それ以外	x	x	x	x	x	x	Q

x：0でも1でもよい。

(ⅱ) $J=0$, $K=0$ のとき，$Q=0$ ならば $Q'=0$，$Q=1$ ならば $Q'=1$（現状維持）
$J=0$, $K=1$ のとき，$Q=0$ ならば $Q'=0$，$Q=1$ ならば $Q'=0$（リセット）
$J=1$, $K=0$ のとき，$Q=0$ ならば $Q'=1$，$Q=1$ ならば $Q'=1$（セット）
$J=1$, $K=1$ のとき，$Q=0$ ならば $Q'=1$，$Q=1$ ならば $Q'=0$（反転）となるので
（ア）0,（イ）1,（ウ）0,（エ）0,（オ）1,（カ）1,（キ）1,（ク）0

11章

【1】（1）**解表 11.1** 参照。　　（2）**解図 11.1** 参照。

解表 11.1　2進数1001が入力された場合の動作

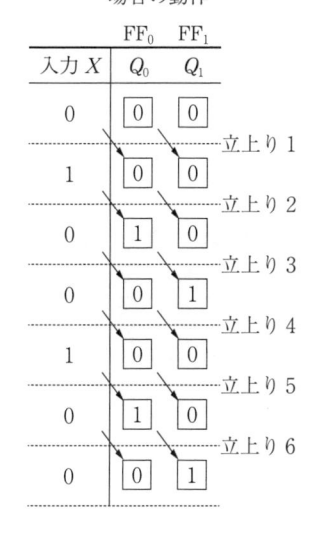

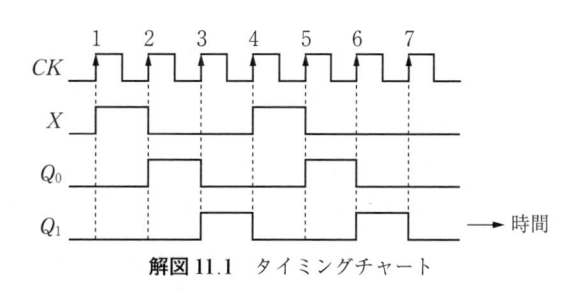

	FF$_0$	FF$_1$
入力 X	Q_0	Q_1
0	0	0
		立上り1
1	0	0
		立上り2
0	1	0
		立上り3
0	0	1
		立上り4
1	0	0
		立上り5
0	1	0
		立上り6
0	0	1

解図 11.1　タイミングチャート

【2】（1）（ア）4進　（イ）アップ　（2）解図 11.2 参照。

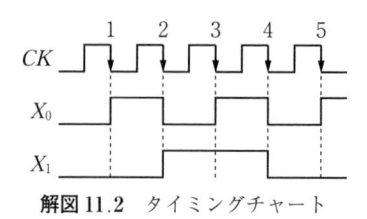

解図 11.2　タイミングチャート

【3】（1）（ア）16進　（イ）アップ　（ウ）AND　（エ）$X_1 X_0 = 1$　（オ）AND
（カ）$X_2 X_1 X_0 = 1$　（2）解図 11.3 参照。

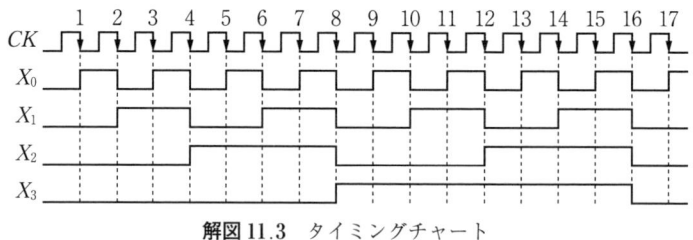

解図 11.3　タイミングチャート

12章

【1】（1）図 12.7 の回路には 2 個のフリップフロップ FF_0, FF_1 が含まれており，回路の状態を表す変数は FF_0, FF_1 の出力 Q_0, Q_1 である。回路がとり得るすべての状態は，$(Q_1, Q_0) = (0, 0)$, $(0, 1)$, $(1, 0)$, $(1, 1)$ の 4 種類となる。

（2）入力方程式は，図 12.7 から以下のように得られる：
$$D_0 = Q_0 \oplus x, \qquad D_1 = Q_1 \cdot \overline{x} + Q_1 \cdot Q_0 + \overline{Q_1} \cdot \overline{Q_0} \cdot x$$

（3）状態遷移関数は，D フリップフロップの入出力関係 $Q'_0 = D_0$ および $Q'_1 = D_1$ と（2）で得られた入力方程式から以下のようになる：
$$Q'_0 = Q_0 \oplus x, \qquad Q'_1 = Q_1 \cdot \overline{x} + Q_1 \cdot Q_0 + \overline{Q_1} \cdot \overline{Q_0} \cdot x$$

（4）出力関数は，図 12.7 から以下のように得られる：
$$y = x \cdot \overline{Q_1} \cdot \overline{Q_0}$$

（5）得られた状態遷移表を**解表 12.1** に示す。現在の状態 Q_0, Q_1 と回路の入力 x の値からつぎの状態 Q'_0, Q'_1 と出力 y の値を計算し，入力 x の値ごとに整理するとこの表が得られる。

解表 12.1　状態遷移表

		$x = 0$			$x = 1$		
Q_1	Q_0	Q'_1	Q'_0	y	Q'_1	Q'_0	y
1	1	1	1	0	1	0	0
1	0	1	0	0	0	1	0
0	1	0	1	0	0	0	0
0	0	0	0	0	1	1	1

（6） 得られた状態遷移図を**解図 12.1**に示す。丸の中の数字は (Q_1, Q_0) の値を示す。この図は図 12.7 の回路が 4 進ダウンカウンタとして動作することを示している。

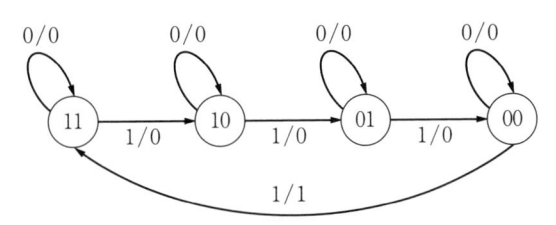

解図 12.1 状態遷移図

【2】（1） 図 12.8 の回路には 2 個のフリップフロップ FF_0, FF_1 が含まれており，回路の状態を表す変数は FF_0, FF_1 の出力 Q_0, Q_1 である。回路がとり得るすべての状態は，$(Q_1, Q_0) = (0, 0)$, $(0, 1)$, $(1, 0)$, $(1, 1)$ の 4 種類となる。

（2） 入力方程式は，図 12.8 から以下のように得られる：
$$D_0 = \overline{x} \cdot \overline{Q_1} \cdot Q_0 + x \cdot \overline{Q_1} \cdot \overline{Q_0}, \qquad D_1 = \overline{x} \cdot Q_1 \cdot \overline{Q_0} + x \cdot \overline{Q_1} \cdot Q_0$$

（3） 状態遷移関数は，D フリップフロップの入出力関係 $Q'_0 = D_0$ および $Q'_1 = D_1$ と（2）で得られた入力方程式から以下のようになる：
$$Q'_0 = \overline{x} \cdot \overline{Q_1} \cdot Q_0 + x \cdot \overline{Q_1} \cdot \overline{Q_0}, \qquad Q'_1 = \overline{x} \cdot Q_1 \cdot \overline{Q_0} + x \cdot \overline{Q_1} \cdot Q_0$$

（4） 出力関数は，図 12.8 から以下のように得られる：
$$y = x \cdot Q_1 \cdot \overline{Q_0}$$

（5） 得られた状態遷移表を**解表 12.2**に示す。現在の状態 Q_0, Q_1 と回路の入力 x の値からつぎの状態 Q'_0, Q'_1 と出力 y の値を計算し，入力 x の値ごとに整理するとこの表が得られる。表で $(Q_1, Q_0) = (1, 1)$ である場合，つぎの状態は x の値によらず $(Q'_0, Q'_1) = (0, 0)$ となる。また，この表には $(Q'_0, Q'_1) = (1, 1)$ が含まれていない。このことは，$(Q_1, Q_0) = (1, 1)$ であれば必ず $(Q'_0, Q'_1) = (0, 0)$ となり，$(Q'_0, Q'_1) = (1, 1)$ となるような (Q_1, Q_0) がないことを意味する。このような場合，実際の回路では状態遷移の中に状態 $(1, 1)$ が現れない。

解表 12.2 状態遷移表

		$x = 0$			$x = 1$		
Q_1	Q_0	Q'_1	Q'_0	y	Q'_1	Q'_0	y
0	0	0	0	0	0	1	0
0	1	0	1	0	1	0	0
1	0	1	0	0	0	0	1
1	1	0	0	0	0	0	0

←この行は状態遷移表に現れない。

（6） 得られた状態遷移図を**解図 12.2**に示す。丸の中の数字は (Q_1, Q_0) の値を示す。図では（5）での考察を踏まえ，$(Q_1, Q_0) = (1, 1)$ を省いた。

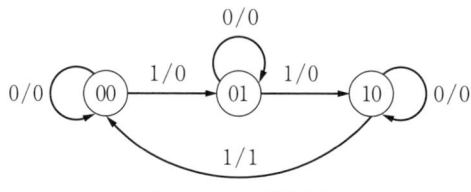

解図 12.2　状態遷移図

13 章

【1】（1）　この回路は入力 x が 1 となるたびに $s_3 \to s_2 \to s_1 \to s_0 \to s_3 \to s_2 \to \cdots$ のように状態を一つずつ遷移し，x が 0 のときには状態を遷移しない。また問題にあるように，s_0 から s_3 へ遷移する際に出力 y が 1 となり，それ以外では 0 となる。以上の考察をまとめると**解図** 13.1 の状態遷移図が得られる。

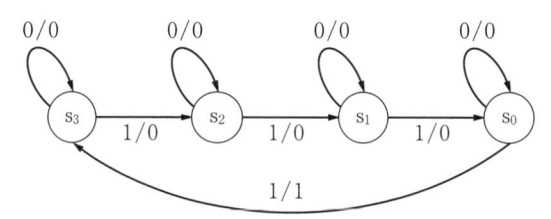

解図 13.1　状態遷移図

（2）　得られた状態遷移表を**解表** 13.1 に示す。指定された状態割り当てに従い，状態遷移図から現在の状態 Q_1, Q_0 と入力 x の値の組合せごとにつぎの状態 Q'_1, Q'_0 と出力 y の値を読み取って記入すると，この表が得られる。

解表 13.1　状態遷移表

			$x=0$			$x=1$		
	Q_1	Q_0	Q'_1	Q'_0	y	Q'_1	Q'_0	y
s_3	1	1	1	1	0	1	0	0
s_2	1	0	1	0	0	0	1	0
s_1	0	1	0	1	0	0	0	0
s_0	0	0	0	0	0	1	1	1

（3）　状態遷移表から現在の状態 Q_0, Q_1 と入力 x によるつぎの状態 Q'_0, Q'_1 の加法標準形を導けば，以下の状態遷移関数を得る：

$$Q'_0 = \overline{x}\cdot Q_1 \cdot Q_0 + \overline{x}\cdot \overline{Q_1}\cdot Q_0 + x\cdot Q_1\cdot \overline{Q_0} + x\cdot \overline{Q_1}\cdot \overline{Q_0}$$
$$Q'_1 = \overline{x}\cdot Q_1 \cdot Q_0 + \overline{x}\cdot Q_1\cdot \overline{Q_0} + x\cdot Q_1\cdot Q_0 + x\cdot \overline{Q_1}\cdot \overline{Q_0}$$

Q'_0, Q'_1 はおのおの，**解図** 13.2（a），（b）のカルノー図を用いてつぎのように簡単化される：

$$Q'_0 = Q_0 \cdot \overline{x} + \overline{Q_0}\cdot x = Q_0 \oplus x, \qquad Q'_1 = Q_1\cdot \overline{x} + Q_1\cdot Q_0 + \overline{Q_1}\cdot \overline{Q_0}\cdot x$$

（4）　D フリップフロップの入出力関係 $Q'_0 = D_0$ および $Q'_1 = D_1$ と（3）で得られた状態遷移関数をまとめれば，以下の入力方程式を得る：

$$D_0 = Q_0\cdot \overline{x} + \overline{Q_0}\cdot x = Q_0 \oplus x, \qquad D_1 = Q_1\cdot \overline{x} + Q_1\cdot Q_0 + \overline{Q_1}\cdot \overline{Q_0}\cdot x$$

	Q_1Q_0	00	01	11	10
x					
0			1	1	
1		1			1

(a) Q_0'

	Q_1Q_0	00	01	11	10
x					
0				1	1
1		1		1	

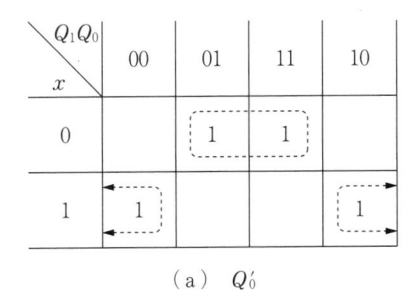

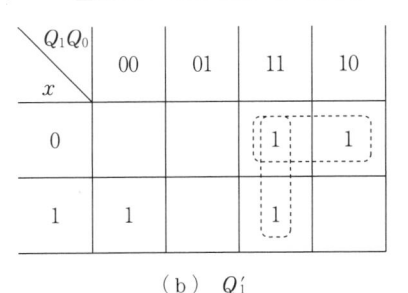

(b) Q_1'

解図 13.2 カルノー図

（5） 状態遷移表から出力 y の加法標準形を導けば，以下の出力関数を得る：
$$y = x \cdot \overline{Q_1} \cdot \overline{Q_0}$$

（6） 二つの D フリップフロップ FF_0，FF_1 の入出力に（4），（5）で得られた入力方程式と出力関数を実現する組合せ回路を実現する組合せ回路を接続すると，**解図 13.3** の回路を得る。この回路は，12 章の演習問題【1】で解析した回路と同じである。

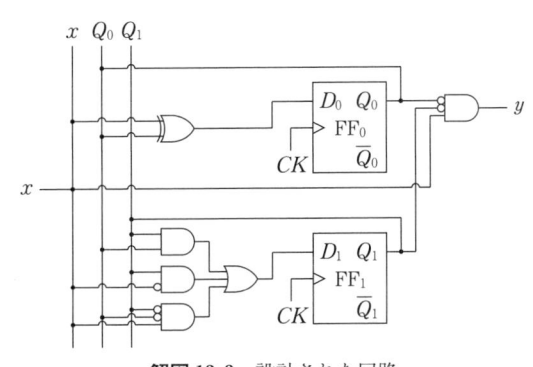

解図 13.3 設計された回路

【2】（1） この自動販売機に要求される動作を，以下に列挙する：

Ⅰ．0 円が蓄えられている状態のとき
① 100 円玉が投入されなければ，0 円が蓄えられている状態のまま，チケットが送出されない。
② 100 円玉が投入されれば，100 円が蓄えられている状態に移り，チケットが送出されない。

Ⅱ．100 円が蓄えられている状態のとき
③ 100 円玉が投入されなければ，100 円が蓄えられている状態のまま，チケットが送出されない。
④ 100 円玉が投入されれば，200 円が蓄えられている状態に移り，チケットが送出されない。

Ⅲ．200 円が蓄えられている状態のとき
⑤ 100 円玉が投入されなければ，200 円が蓄えられている状態のまま，チケットが送出されない。
⑥ 100 円玉が投入されれば，これと機内に蓄えられた 200 円とで 300 円に達するため，チケット 1 枚が送出され，0 円が蓄えられている状態に戻る。

記号 x, y, s_0, s_1, s_2 を用いれば，この自動販売機を制御する回路の動作が以下のように表現さ

れる：

Ⅰ．現在の状態が s_0 であるとき
　①入力 $x=0$ ならば，つぎの状態は s_0 となり出力 $y=0$ となる。
　②入力 $x=1$ ならば，つぎの状態は s_1 となり出力 $y=0$ となる。

Ⅱ．現在の状態が s_1 であるとき
　③入力 $x=0$ ならば，つぎの状態は s_1 となり出力 $y=0$ となる。
　④入力 $x=1$ ならば，つぎの状態は s_2 となり出力 $y=0$ となる。

Ⅲ．現在の状態が s_2 であるとき
　⑤入力 $x=0$ ならば，つぎの状態は s_2 となり出力 $y=0$ となる。
　⑥入力 $x=1$ ならば，つぎの状態は s_0 となり出力 $y=1$ となる。

以上の考察をまとめると**解図 13.4** の状態遷移図が得られる。上記の動作の①～⑥が，図の状態遷移①～⑥に対応する。

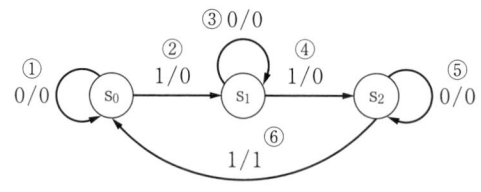

解図 13.4　状態遷移図

（2）　得られた状態遷移表を**解表 13.2** に示す。指定された状態割り当てに従い，状態遷移図から現在の状態 Q_1, Q_0 と入力 x の値の組合せごとにつぎの状態 Q'_1, Q'_0 と出力 y の値を読み取って記入すると，この表が得られる。

解表 13.2　状態遷移表

	Q_1	Q_0	$x=0$			$x=1$		
			Q'_1	Q'_0	y	Q'_1	Q'_0	y
s_0	0	0	0	0	0	0	1	0
s_1	0	1	0	1	0	1	0	0
s_2	1	0	1	0	0	0	0	1

（3）　状態遷移表から現在の状態 Q_0, Q_1 と入力 x によるつぎの状態 Q'_0, Q'_1 の加法標準形を導けば，以下の状態遷移関数を得る：

$$Q'_0 = \overline{x} \cdot \overline{Q_1} \cdot Q_0 + x \cdot \overline{Q_1} \cdot \overline{Q_0}, \quad Q'_1 = \overline{x} \cdot Q_1 \cdot \overline{Q_0} + x \cdot \overline{Q_1} \cdot Q_0$$

（4）　D フリップフロップの入出力関係を $Q'_0 = D_0$ および $Q'_1 = D_1$ と（3）で得られた状態遷移関数をまとめれば，以下の入力方程式を得る：

$$D_0 = \overline{x} \cdot \overline{Q_1} \cdot Q_0 + x \cdot \overline{Q_1} \cdot \overline{Q_0}, \quad D_1 = \overline{x} \cdot Q_1 \cdot \overline{Q_0} + x \cdot \overline{Q_1} \cdot Q_0$$

（5）　状態遷移表から出力 y の加法標準形を導けば，以下の出力関数を得る：

$$y = x \cdot Q_1 \cdot \overline{Q_0}$$

（6）　二つの D フリップフロップ FF_0, FF_1 の入出力に（4），（5）で得られた入力方程式と出力関数を実現する組合せ回路を実現する組合せ回路を接続すると，**解図 13.5** の回路を得る。この

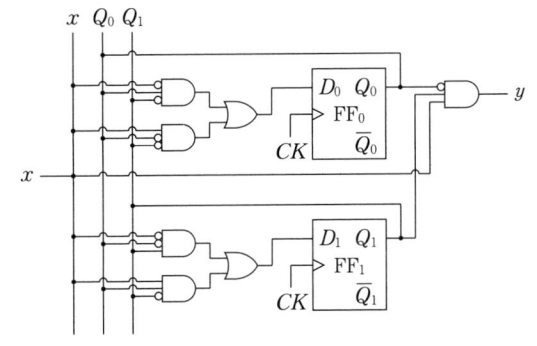

解図 13.5 設計された回路

回路は，12章の演習問題【2】で解析した回路と同じである．

索　引

【あ】
アナログ回路　4
アナログ量　3

【え】
エッジトリガ動作　64
エンコーダ　49

【か】
海上における人命の安全のための国際条約　2
カウンタ　71
加算器　54
加法標準形　28
カルノー図　34
完全系　22

【き】
偽　13
記憶　61
基数　6
基本ゲート　10
吸収則　18

【く】
空集合　13
組合せ回路　49
繰上り　54
クロックパルス　63
クワイン・マクラスキー法　41

【け】
結合則　18
減算器　58

【こ】
交換則　18
公理　17
国際電気通信連合　2
国際電信連合　2

【さ】
最小項　27
最小論理和形　35
最大項　30

【し】
支配される　46
支配する　47
シフトレジスタ　69
集合　13
主項　44
出力関数　80
順序回路　61
状態　61
状態遷移関数　80
状態遷移図　78
状態遷移表　79
状態割り当て　84
乗法標準形　30
真　13
真理値表　10

【せ】
正論理　21
世界海洋遭難安全システム　3
積集合　13
全加算器　54
全体集合　13

【そ】
双対　17

【た】
対偶　14
タイミングチャート　65
立上り　63
立下り　63
多値ディジタル量　4

【ち】
置数器　69

【て】
ディジタル回路　4
ディジタル量　3
定理　17
デコーダ　49
デマルチプレクサ　51

【と】
同期式カウンタ　74
同期式順序回路　77
特異列　45
特性表　64
トグル動作　66
ド・モルガンの定理　18

【に】
入力方程式　80
二次特異列　47
二次必須行　48
二次必須主項　48

【ね】
ネガティブエッジ　63

【は】
排他的論理和　12
ハードウェア記述言語　74
半加算器　54

【ひ】
必須行　45
必須主項　45
否定　10
非同期式カウンタ　74
非同期式順序回路　77
被覆する　44
標準形　27

【ふ】
復号化器　49
符号化器　49
部分集合　13

フリップフロップ	63	
ブール代数	17	
負論理	21	
分配則	18	

【へ】

べき等則	18
ベン図	13

【ほ】

補元の性質	18
ポジティブエッジ	63
補集合	13

【ま】

マルチプレクサ	51

【め】

命題	13

【も】

モールス信号	2
モールス符号	2

【り】

離散的	3
リップルキャリー	56
リングサム	12

【れ】

レジスタ	69
連除法	7

【ろ】

連続的	3

論理回路	4
論理関数	4
——の簡単化	34
論理ゲート	10
論理式	10
論理積	10
論理積標準形	30
論理和	10
論理和標準形	28

【わ】

和集合	13

【A】

adder	54
analog circuit	4
analog quantity	3
AND ゲート	10
asynchronous counter	74
asynchronous sequential circuit	77
axiom	17

【B】

binary digital quantity	1
binary digital signal	1
binary logical function	4
binary variable	4
Boolean algebra	17

【C】

canonical form	27
carry	54
characteristic table	64
clock pulse	63
combinational circuit	49
complement	13
complete set	22
conjunctive canonical form	30
continuous	3
contraposition	14
counter	71
cover	44

【D】

decoder	49
demultiplexer	51
digital circuit	4
digital quantity	3
discrete	3
disjunctive canonical form	28
distinguished column	45
dominate	47
dual	17
D フリップフロップ	65

【E】

edge-triggered action	64
empty set	13
encoder	49
essential prime implicant	45
essential row	45
exclusive OR	12
EXNOR ゲート	12
EXOR ゲート	12

【F】

false	13
flip flop	63
full adder	54

【G】

Global Maritime Distress and Safety System, GMDSS	3

【H】

half adder	54
hardware description language, HDL	74

【I】

input equation	80
International Telecommunication Union, ITU	2
intersection	13

【J】

JK フリップフロップ	66

【K】

Karnaugh map	34

【L】

logical circuit	4
logical conjunction	10
logical disjunction	10
logical expression	10
logical function	4
logical gate	10
logical negation	10

【M】

maxterm	30
memory	61
minimum sum-of-products expression	35
minterm	27

Morse code	2	register	69	SOLAS 条約	2
multiplexer	51	ring sum	12	theorem	17
multi-valued digital quantity	4	ripple carry	56	timing chart	65

【N】

【S】

toggle action 66
true 13

NAND ゲート	12	secondary distinguished column		truth table	10
negative edge	64		48	two's complement	57
negative logic	21	secondary essential prime			
NOR ゲート	12	implicant	48		

【U】

NOT ゲート	10	secondary essential row	48	union	13
		sequential circuit	61	Union Télégraphique Internationale,	

【O】

		set	13	UTI	2
OR ゲート	10	shift register	69	universal set	13
output function	80	SR フリップフロップ	63		
		state	61		

【V】

【P】

		state assignment	84	Venn's diagram	13
positive edge	63	state transition diagram	78		

【数字】

positive logic	21	state transition function	80		
prime implicant	44	state transition table	79	0 元の性質 /1 元の性質	18
primitive gate	10	subset	13	2 値ディジタル信号	1
proposition	13	subtracter	58	2 値ディジタル量	1
		synchronous counter	74	2 値変数	4

【Q】

		synchronous sequential circuit	77	2 値論理関数	4
Quine-McCluskey method	41			2 の補数	57

【R】

【T】

radix 6

The International Convention for
 the Safety of Life at Sea,

―― 著者略歴 ――

三堀　邦彦（みつぼり　くにひこ）
1992 年　法政大学工学部電気工学科卒業
1995 年　法政大学大学院修士課程修了（電気工学専攻）
1997 年　法政大学大学院博士課程修了（電気工学専攻）
　　　　博士（工学）
1997 年　海上保安大学校助手
1998 年　海上保安大学校講師
2001 年　海上保安大学校助教授
2006 年　拓殖大学准教授
2015 年　拓殖大学教授
　　　　現在に至る

斎藤　利通（さいとう　としみち）
1980 年　慶應義塾大学工学部電気工学科卒業
1982 年　慶應義塾大学大学院修士課程修了（電気工学専攻）
1985 年　慶應義塾大学大学院博士課程修了（電気工学専攻）
　　　　工学博士
1985 年　相模工業大学専任講師
1988 年　相模工業大学助教授
1989 年　法政大学助教授
1998 年　法政大学教授
　　　　現在に至る

わかりやすい論理回路
Introduction to Logical Circuit Theory

　　　　　　　　　　　　　　　　　　　　　　　　© K. Mitsubori, T. Saito 2012

2012 年 3 月 7 日　初版第 1 刷発行
2022 年 2 月 20 日　初版第 10 刷発行

検印省略	著　者	三　堀　邦　彦
		斎　藤　利　通
	発 行 者	株式会社　コロナ社
		代 表 者　牛来真也
	印 刷 所	新日本印刷株式会社
	製 本 所	株式会社　グリーン

112-0011　東京都文京区千石 4-46-10
発行所　株式会社　コ　ロ　ナ　社
CORONA PUBLISHING CO., LTD.
Tokyo Japan
振替00140-8-14844・電話(03)3941-3131(代)
ホームページ　https://www.coronasha.co.jp

ISBN 978-4-339-00826-5　C3055　Printed in Japan　　　　　（大井）

JCOPY ＜出版者著作権管理機構 委託出版物＞
本書の無断複製は著作権法上での例外を除き禁じられています。複製される場合は、そのつど事前に、出版者著作権管理機構（電話 03-5244-5088, FAX 03-5244-5089, e-mail: info@jcopy.or.jp）の許諾を得てください。

本書のコピー、スキャン、デジタル化等の無断複製・転載は著作権法上での例外を除き禁じられています。購入者以外の第三者による本書の電子データ化及び電子書籍化は、いかなる場合も認めていません。
落丁・乱丁はお取替えいたします。

電気・電子系教科書シリーズ

(各巻A5判)

- ■編集委員長　髙橋　寛
- ■幹　　　事　湯田幸八
- ■編集委員　　江間　敏・竹下鉄夫・多田泰芳
- 　　　　　　　中澤達夫・西山明彦

配本順		書名	著者	頁	本体
1.	(16回)	電気基礎	柴田尚志／皆藤新芳／田多泰志 共著	252	3000円
2.	(14回)	電磁気学	田田尚志 共著	304	3600円
3.	(21回)	電気回路Ⅰ	柴田尚志 著	248	3000円
4.	(3回)	電気回路Ⅱ	遠藤　勲／鈴木靖純 編著	208	2600円
5.	(29回)	電気・電子計測工学（改訂版）―新SI対応―	吉澤昌典／降矢典恵／福田拓和／吉高村明／高西山二／西平鎮 共著	222	2800円
6.	(8回)	制御工学	下西　正／奥平木立／青堀　幸 共著	216	2600円
7.	(18回)	ディジタル制御	西　俊幸 共著	202	2500円
8.	(25回)	ロボット工学	白水俊次 著	240	3000円
9.	(1回)	電子工学基礎	中澤達夫／藤原勝幸 共著	174	2200円
10.	(6回)	半導体工学	渡辺英夫 著	160	2000円
11.	(15回)	電気・電子材料	中澤・藤原／押田服部 共著	208	2500円
12.	(13回)	電子回路	森田健二／須田田二 共著	238	2800円
13.	(2回)	ディジタル回路	土原充弘／伊海澤純／若賀美／吉下也／室山厳 共著	240	2800円
14.	(11回)	情報リテラシー入門		176	2200円
15.	(19回)	C++プログラミング入門	湯田幸八 著	256	2800円
16.	(22回)	マイクロコンピュータ制御プログラミング入門	柚賀正光／千代谷慶 共著	244	3000円
17.	(17回)	計算機システム（改訂版）	春日　健／舘泉雄治／田原幸八 共著	240	2800円
18.	(10回)	アルゴリズムとデータ構造	湯田幸充／伊原博 共著	252	3000円
19.	(7回)	電気機器工学	前田　勉／新谷弘邦 共著	222	2700円
20.	(31回)	パワーエレクトロニクス（改訂版）	江間　敏／高橋　勲 共著	232	2600円
21.	(28回)	電力工学（改訂版）	江間　敏／甲斐隆章 共著	296	3000円
22.	(30回)	情報理論（改訂版）	三木成彦／吉川英機 共著	214	2600円
23.	(26回)	通信工学	竹下鉄夫／吉川英夫 共著	198	2500円
24.	(24回)	電波工学	松田豊稔／宮田克正／南部幸久 共著	238	2800円
25.	(23回)	情報通信システム（改訂版）	岡田裕／桑原唯夫 共著	206	2500円
26.	(20回)	高電圧工学	植月孝夫／松原孝史 共著	216	2800円

定価は本体価格+税です。
定価は変更されることがありますのでご了承下さい。

図書目録進呈◆